코딩의 즐거움 - 아두이노

아두이노 내친구

코딩교육 전문도서

누구나 쉽고 재미있게 배울 수 있는 **피지컬 컴퓨팅!**

엄마 아빠가 학교에 다니던 시대에는 스마트폰은 없었고 로봇 태권 V가 있었었다. 만화와 애니메이션에서만 존재했던 로봇이 이제 세상 밖으로 나오고 있다. 우리 아이들이 살아나갈 세상은 현재와는 훨씬 다른 세계일 것은 분명하다.

미국 오바마 대통령은 게임을 하지만 말고 직접 만들 줄 알아야 한다고 강조하고 있고, 영국에서는 국영 방송사인 BBC를 중심으로 29개의 산업계와 재단이 컨소시엄을 구성하여 마이크로비트라는 전자키트를 개발하여 모든 중학생들에게 무료 배포하면서 전국적인 코딩과 하드웨어 교육을 추진하고 있다.

이제 우리 아이들은 코딩을 모르면 안 되는 시대에 살아가게 되었는데, 무엇을 어떻게 공부해야 하는지 아직 구체적인 내용이 뚜렷하지 않아 부모들은 크게 우려하고 있다.
우리 아이들은 알파고가 자리를 대신할 수 있는 일을 하면 안 된다. 알파고와 같은 인공지능 기계를 부리면서 세상을 리드할 인재가 되려면 아두이노를 배워야 한다.
학생들이 새로운 학과목을 시작할 때 흥미롭게 입문한 과목은 항상 성적도 좋지만, 지루하거나 답답하게 시작한 과목은 나중에도 좀처럼 좋은 성

적이 나오지 않는다. 코딩에 입문할 때도 상황은 같다. 처음부터 흥미롭게 시작하지 못하면 지루하고 어렵고 딱딱한 과목이 되어 버린다. 코딩은 재미있는 프로젝트를 직접 수행하면서 실력을 쌓는 것이 가장 좋은 방법이다.

지금도 실리콘 밸리, 영국의 런던, 핀란드의 헬싱키에서 탄생하는 유망기업들은 모두 코딩 기술을 바탕으로 하고 있다는 공통점을 가지고 있다. 사회 변화의 물결은 이미 시작되었다. 기존의 것 중에 약하거나 비효율적인 것은 없어지거나 무너지게 되어 있다.

우리 아이들이 전 세계적으로 가장 유명한 아두이노 코딩과 전자보드를 배워서 머지않은 훗날 스티브 잡스, 일론 머스크 같은 세계 역사를 새로 쓰는 사람으로 성장하길 바라며 이 책을 집필하였다.

저 자 양 세 훈

자동차 만들기
1편 기초 (LED, 푸시 버튼, 빛 센서, 음향)

LED

빛 센서

푸시 버튼

음향 컨트롤

처음 아두이노를 만나는 독자들도 쉽게
따라 할 수 있도록 책을 구성하였다.

1편 자동차 만들기 기초는

아두이노와 컴퓨터를 연결하여 사용하는 방법
LED와 저항 등 전자 부품의 기본 설명
디지털 출력으로 LED를 컨트롤 하는 방법
스위치를 디지털 입력으로 사용하는 방법
빛 센서를 아날로그 입력장치로 사용하는 방법
사운드 재생 방법
교통 신호등 프로젝트 등

2편에서 자동차를 만들 때 필요한 기본 사항으로 구성되어 있다.

CONTENTS

Chapter 3

실습 프로젝트

코딩교육 전문도서
누구나 쉽고 재미있게 배울 수 있는 **피지컬 컴퓨팅!**

1편 기초 (LED, 푸시 버튼, 빛 센서, 음향)

Chapter 1

들어가기

1. 아두이노는 무엇인가?
2. 아두이노로 무엇을 할 수 있는가?
3. 아두이노는 배우기 어려운가?
4. 아두이노는 어떻게 작동하는가?

아두이노는 무엇인가?

아두이노는 코딩과 전자 보드로 구성되어 있다.
전자 보드의 크기는 교통카드와 비슷하다.
초보자도 사용하기 쉽게 만들어져 있어 LED, 온도센서, 습도센서 등
다양한 센서를 연결하여 데이터를 받고 동시에
모터, 실린더 등을 구동시키기 편리하게 되어 있다.

구글의 플랫폼 파트너이고, 인텔, 삼성, 시스코 등
세계 유명 기업에서도 아두이노를 사용하고 있다.
아두이노 코딩은 이제 세계 공통어가 되었다.
코딩을 쉽게 배울 수 있고, 동시에 코딩이 작동하는 것을
하드웨어인 보드에서 직접 볼 수 있어 흥미롭게 공부할 수 있는
최상의 키트이다.

아두이노는

신기하고 재미있어요!

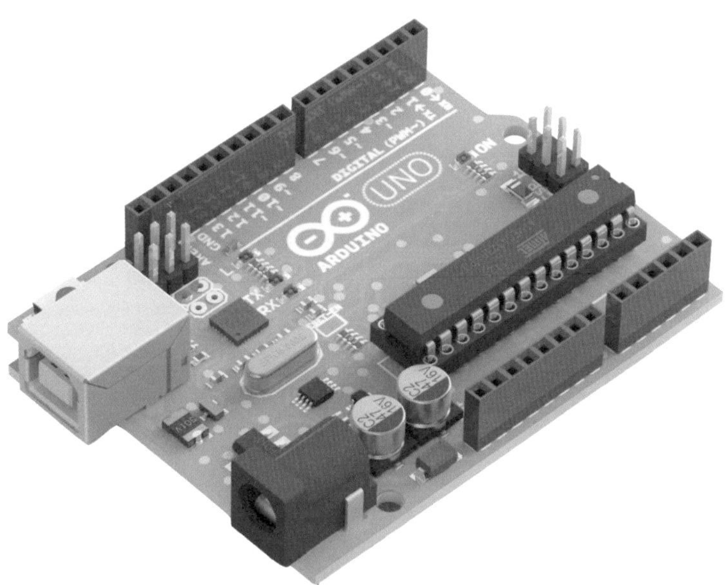

아두이노로 무엇을 할 수 있는가?

아두이노로 만들 수 있는 것은 너무 많아 다 열거하기가 어렵다.
조명 및 미디어 아트에 사용되는 LED 컨트롤을 시작으로, 스피커, 모터,
드론, 무선 자동차, 3D 프린터, 로봇 등
상상하는 거의 모든 구동작품을 만들 수 있다.
학교 프로젝트에서부터 아이디어 발명품뿐만 아니라
창업을 할 수 있는 제품도 만들 수 있다.

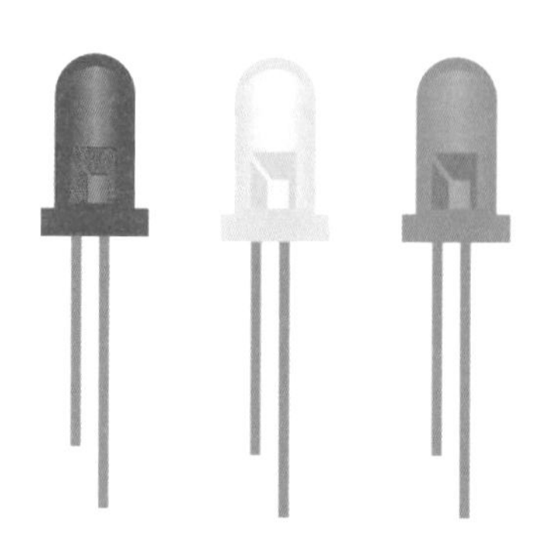

[그림 1-1] 아두이노로 만들 수 있는 것 예시

아두이노는 배우기 어려운가?

아두이노 코딩은 가장 배우기 쉬운 코딩 중 하나이다.
단어 자체가 무슨 명령어인지 쉽게 이해할 수 있도록 되어 있다.

그러면서도 컴퓨터 언어의 원조인 C와 C++ 구조를 바탕으로 만들어져 있어서 다른 언어를 배울 때도 크게 도움이 된다.

아두이노를 만든 벤지 교수팀은 처음 개발을 시작할 때부터 3가지 목표를 세웠다.
첫째 초보자도 쉽게 사용할 수 있도록 만들어야 한다.
둘째 학생들도 큰 부담 없이 이용할 수 있도록 저렴하게 만들어야 한다.
셋째 초보자와 전문가 누구나 센서 및 구동기기를 쉽게 연결하여 작품을 만들 수 있도록 하여야 한다.

발명가들은 3가지 목표를 모두 성공적으로 달성하였고, 아두이노 소프트웨어와 하드웨어를 누구나 무료로 사용할 수 있도록 공개하여, 지금은 세계에서 가장 인기 있는 키트가 되었다.

아두이노는 코딩의 중요성을 항상 강조하는 오바마 미국 대통령도 벤지 교수를 백악관에 초대할 정도로 미국에도 잘 알려져 있다.

[그림 1-2] 오바마 대통령 코딩의 중요성 강조

아두이노는 어떻게 작동하는가?

아두이노 코딩은 스마트폰 메모장과 같은 곳에
간단한 명령단어를 쓰고
아이콘을 클릭하여 하드웨어 보드로 보내면 된다.

[그림 1-3]처럼 아두이노 보드를 노트북에 연결하고,
메뉴바에서 보내기 아이콘을 클릭하면 된다.

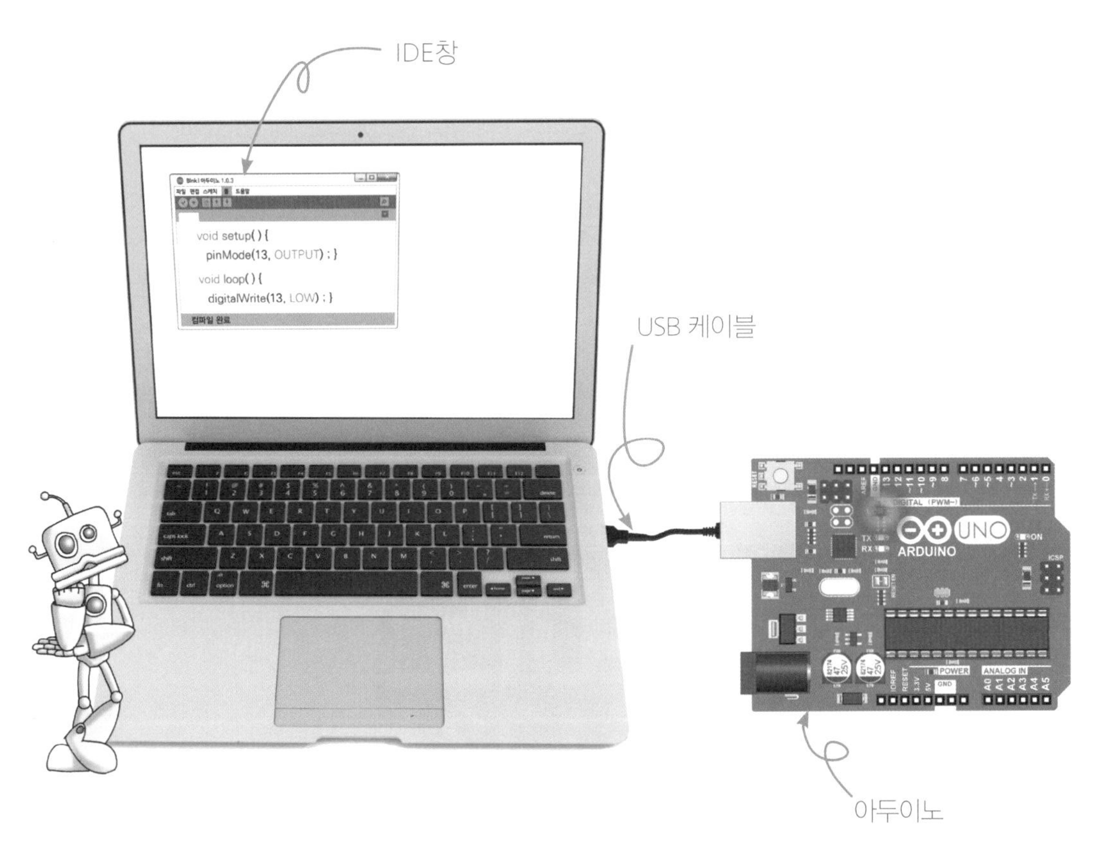

[그림 1-3] 아두이노 사용 예시

코딩교육 전문도서
누구나 쉽고 재미있게 배울 수 있는 피지컬 컴퓨팅!
코딩의 즐거움 - 아두이노
아두이노
내친구
자동차 만들기
1편 기초 (LED, 푸시 버튼, 빛 센서, 음향)

Chapter 2

전자 부품 기초 및 소프트웨어 다운로드 방법

1. 전자부품
   1-1 LED
   1-2 브레드보드
   1-3 저항과 멀티미터
   1-4 점퍼 케이블
2. 무료 소프트웨어 다운로드
3. 아두이노 보드 둘러보기

1 전자 부품

아두이노를 사용하기 전에 자주 사용하는 전자부품인
엘이디(LED), 저항, 그리고 브레드보드의
간단한 사용방법에 대해 알아보자.

1-1. 엘이디(LED)

엘이디(LED)는 조명에서부터 미디어 아트에 이르기까지 다양한 곳에 사용되고 있는 반도체 제품이다. 아두이노를 비롯하여 많은 제품에 엘이디를 사용하는 이유는 첫째 다루기가 매우 편리하다는 점이다. 둘째 잘 고장 나지 않고, 셋째 값이 무척 저렴하고, 넷째 에너지 소모가 매우 적다는 장점들이 있기 때문이다.

반도체인 LED는 극성이 있다. +극과 -극이 있어 극성에 맞게
연결해 주어야 한다. 리드선이 긴 쪽이 +극이고 짧은 쪽이 -극이다.
본 교재에서 사용하는 일반 LED는 2V, 20㎃에서
작동하도록 만들어진 제품이다.

+
LED

아두이노 보드로 엘이디를 켜거나 끄는 컨트롤을 할 때 서로를 직접 연결하면 안 된다. 이유는 아두이노 보드에서는 5볼트(V)가 나오고 책에서 사용하는 엘이디는 2볼트에서 켜지도록 만들어진 제품이기 때문이다.
방법은 저항을 사용하는 것이다. 저항은 전자부품에 과도한 전압이 흘러 들어가지 못하도록 하여 부품을 보호해 주는 역할을 한다.

상황을 [그림 2-11]에 나타내었다.
건전지 배터리에서 아두이노 보드처럼 5볼트(V)가 나오고, 전압이 2볼트(V) 전류가 20밀리암페어(mA) 용량인 엘이디를 켜려고 한다.

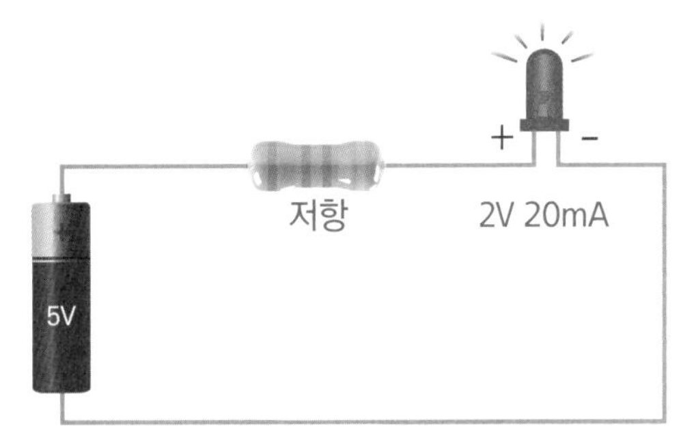

[그림 2-1] LED와 저항

이때 사용할 저항값 계산은 그 유명한 옴의 법칙인 전압=전류×저항을 사용하면 된다. 우리는 저항값을 원하므로 저항=전압/전류이다.
[그림 2-11] 회로를 보면 배터리에서 나오는 5볼트 중에서 엘이디가 2볼트를 사용하기 때문에 저항에서는 3볼트를 처리하면 된다.
식에 숫자를 대입하면 저항=3볼트/20밀리암페어가 되어 계산하면
저항=3/(20/1000)=150이다.
밀리는 1000분의 1을 말하는 것이어서 20을 1000으로 나누어 준 것이다.
저항의 단위는 법칙을 찾은 과학자의 이름을 따서 옴이라고 부른다.
저항은 값이 150옴 이상 되는 것을 사용하면 된다.
저항에 대해서는 1-3 저항과 멀티미터에서 추가 설명한다.

1-2. 브레드보드(빵판)

브레드보드는 옛날에 과학자들이 빵을 만들 때 사용하는 나무 빵판에 못을 촘촘하게 박아 부품을 전선으로 연결한 전자회로를 만들어 사용하면서 유래되었다.

브레드보드는 번잡한 납땜을 하지 않고
부품을 쉽게 꽂아 사용할 수 있도록 만들어졌다.
[그림 2-2]에 있는 브레드보드 표면을 보면
무수한 홀들이 있다.

NO

위쪽과 아래쪽에 수평으로 파란색 선과 빨간색 선이 있다.
여기에 있는 홀들은 [그림 2-3]처럼 내부에서 수평인 행 방향으로 연결되어 있다. 일반적으로 빨간색 라인은 +극을, 파란색 라인은 -극을 연결하여
브레드보드 어느 곳에서나 전기를 쉽게 끌어다 쓸 수 있게 한 것이다.

가운데 있는 수평 중앙 분리 홈을 중심으로 수직 방향인 열을 따라 홀이 5개씩 있다. 홀은 [그림 2-3]처럼 수직 방향으로 5개씩 내부에서 연결되어 있다.
이곳에 [그림 2-4]와 같이 부품을 꽂아 사용한다.

배터리에서 나오는 -극을 검은색 선을 사용하여 맨 위에 있는 수평 방향 행에 연결하였다.

이번에는 같은 행에 있는 홀에서 검은색 선으로 수직 방향으로 연결된 홀이 있는 곳에 연결하였다. 그곳에 저항의 한 쪽 끝을 연결하였다. 저항의 다른 쪽 끝은 엘이디의 -극에 연결하였다.

엘이디의 +극은 빨간색 선으로 위쪽에 있는 배터리 +극이 연결된 행에 연결하였다.

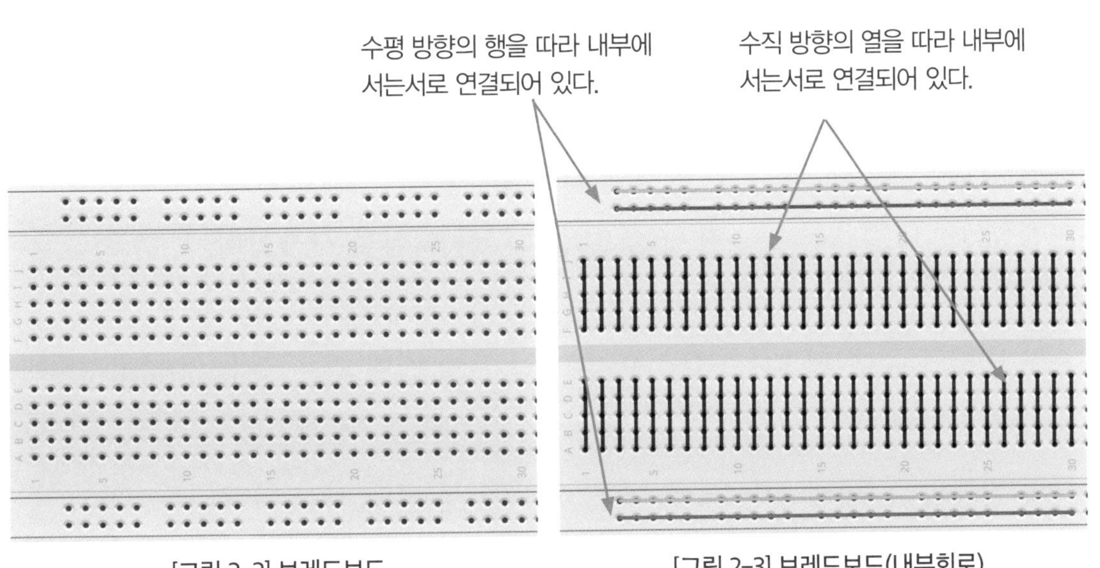

[그림 2-2] 브레드보드

[그림 2-3] 브레드보드(내부회로)

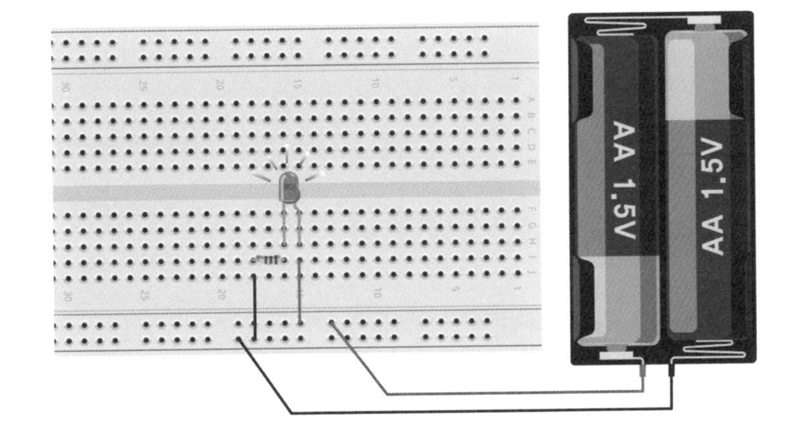

[그림 2-4] 회로연결 예시

1-3. 저항과 멀티미터

저항 사용의 주목적은 회로에서 부품을 보호하는 것이다.

저항

저항 값은 표면에 색상 코드 띠로 표시되어 있다.
검정색은 0, 갈색은 1, … 해서 총 10개의 다른 색상을 사용한다.

첫 번째와 두 번째 띠는 그냥 숫자로 읽고 세 번째 띠는 승수 값(10의 몇 제곱 값인지)이다.
첫 번째와 두 번째 띠를 통해 나온 숫자에 세 번째 띠가 나타내는 10의 n제곱 값을 곱하면 된다.

저항의 띠가 5개인 경우

저항의 띠가 5개일 때는 4개인 경우와 같이 첫 번째와 두 번째 세 번째 띠를 통해 나온 숫자에 네 번째 띠가 나타내는 10의 n제곱 값을 곱하면 된다. (다섯 번째 띠는 정밀도를 나타내는 띠이다.)

[그림 2-5]에 있는 저항 값을 알아보자.

갈색은 1이고, 빨간색은 2이다. 따라서 $22 \times 10^1 = 220\,\Omega$ 이다.

네 번째 있는 띠는 저항의 정밀도를 나타내고 금색이면 +/- 5%이다.

키트에 있는 저항에는 저항값이 스티커로 붙어 있다.

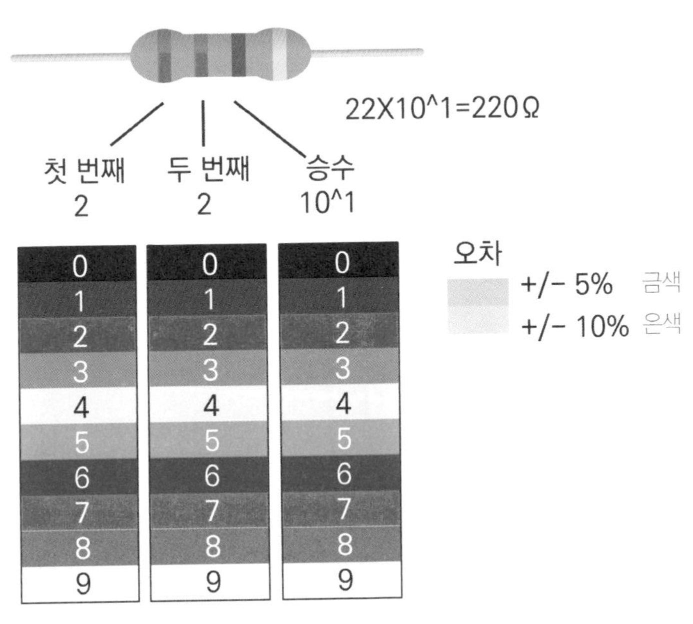

[그림 2-5] 저항 색상 코드

이렇게 저항 값을 띠 색상으로 읽는 것은 초보자와 일반 사용자들에게는 번거로운 일이다.
저항 색상 코드 앱을 다운 받아 사용하거나 멀티미터를 이용하는 방법을 추천한다.

멀티미터[그림 2-6]는 저항뿐만 아니라 전압, 전류도 측정할 수 있는 기기이다.

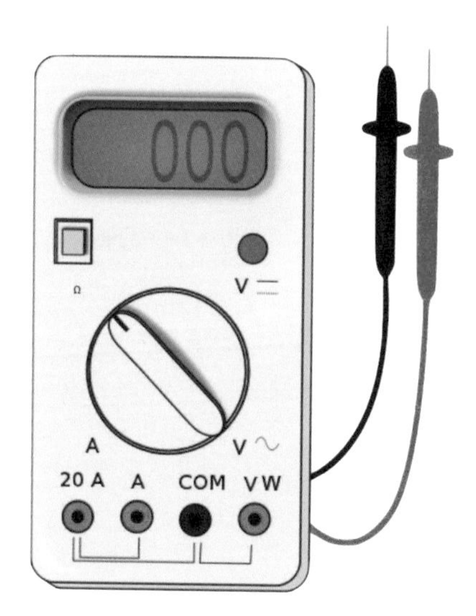

[그림 2-6] 멀티미터

1-4. 점퍼 케이블

점퍼 케이블은 브레드보드에서 부품과 부품을 연결할 때,
그리고 아두이노 핀과 브레드보드에 있는 부품을
연결할 수 있도록 하는 전선이다.

꼭 필요한 부품이고 [그림 2-7]처럼 띠 형태로 되어 있다.
한 가닥씩 분리하여 사용할 수 있다.

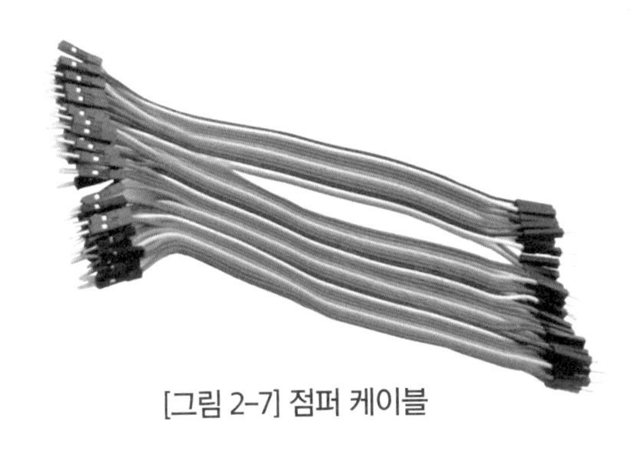

[그림 2-7] 점퍼 케이블

무료 소프트웨어 다운로드

아두이노 보드를 사용하기 위하여 먼저 아두이노 소프트웨어를 다운 받아야 한다.

컴퓨터에서 아두이노 사이트를 방문하여 소프트웨어를 다운 받는다.

❶ 네이버나 구글 등 웹 페이지에 arduino.cc를 입력한다.

❷ 열린 검색창에서 Arduino.cc라는 단어를 마우스로 클릭한다.

❸ Arduino 홈 페이지 메뉴바에서 Software라는 글자를 클릭한다.

❹ Windows installer를 클릭하면 바로 설치되고, Windows zip file을 클릭하면 집 파일이 다운로드 된다.

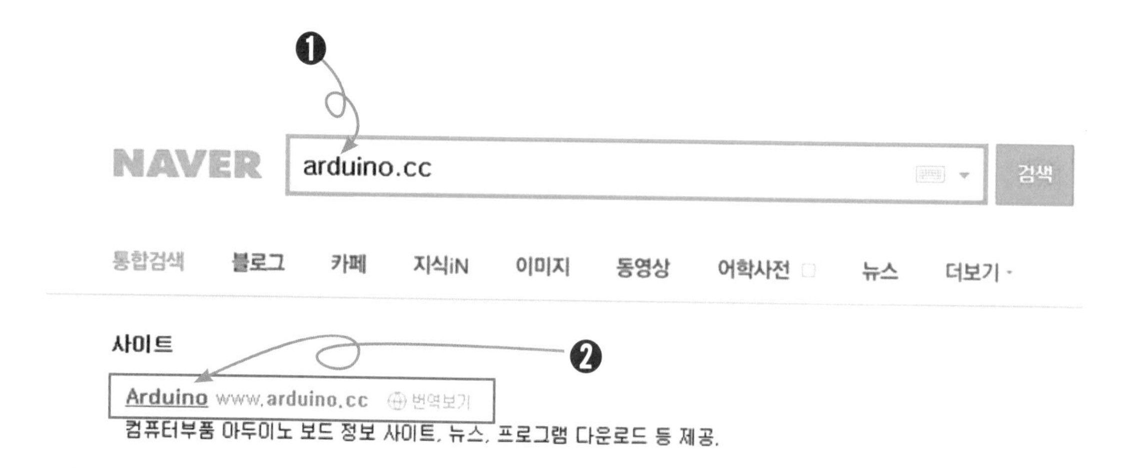

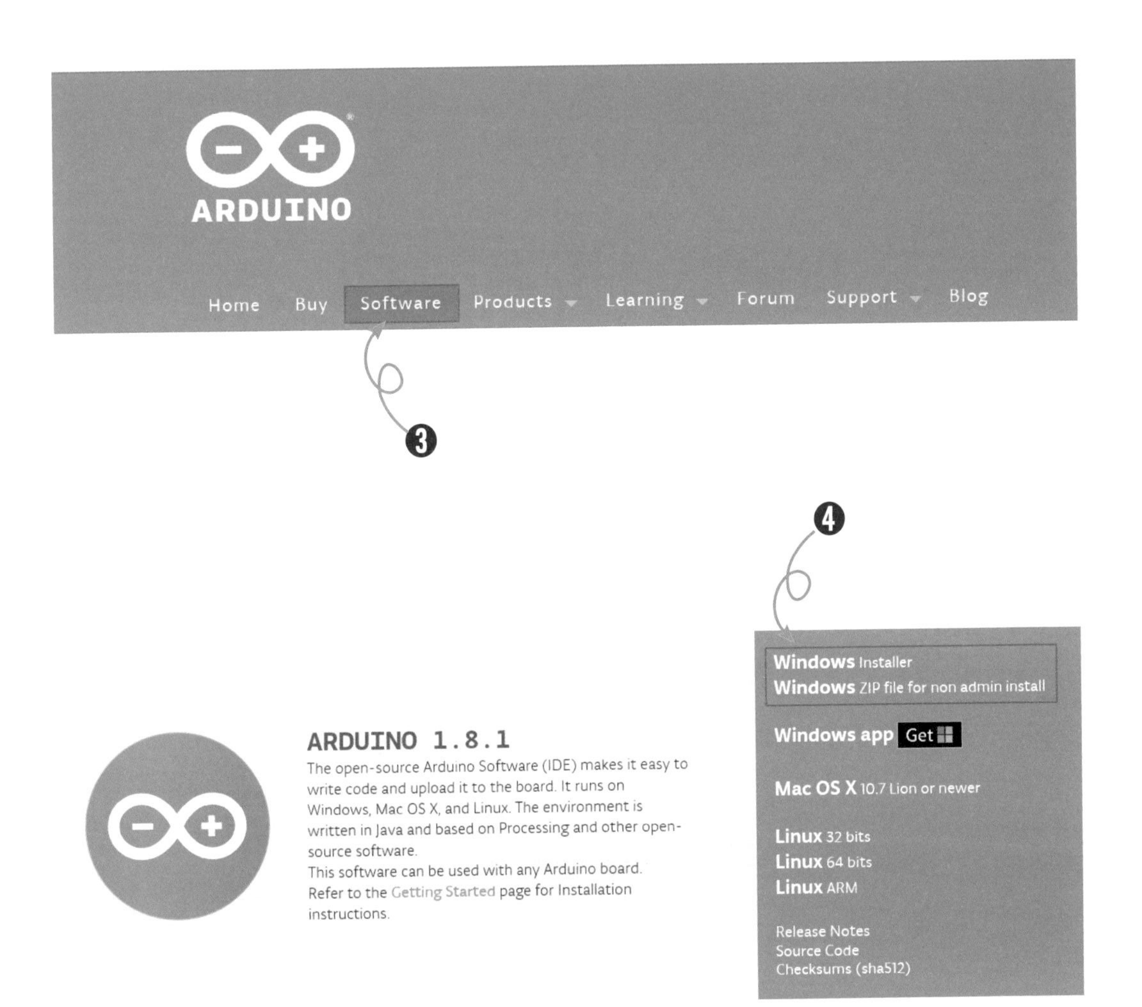

소프트웨어 설치가 완료되면 모니터에 아두이노 아이콘 이 만들어진다.

아두이노 보드 둘러보기

본 교재에서 사용할 하드웨어는 아두이노 보드 중에서 전 세계적으로 가장 인지도가 높은 아두이노 우노 보드[그림 2-8]이다.

[그림 2-8]의 위를 보면 핀을 꽂을 수 있는 홀들이 있고 우측에서 좌측으로 0번부터 13번까지 숫자가 쓰여 있다.
디지털 값(5V 또는 0V)을 내보내거나 받아들일 때 사용되는 곳으로 '디지털 핀'이라고 부른다.

중간에서 약간 아래쪽에 IC칩이 있는데
MCU(마이크로컨트롤러; MicroControllerUnit)라 부르는 원칩 컴퓨터이다.
코딩이 여기에 저장되어 모든 명령을 수행한다.

오른쪽 아래에 아날로그 값을 받는 아날로그 입력 핀 A0~A5까지 6개 있다.
아날로그 핀 옆에 파워 핀이 있고, 여기에서 5V, 3.3V, GND 등을 브레드보드에 있는 부품에 공급한다.
컴퓨터에서 USB를 통해 파워를 공급받지 않을 경우 파워 잭을 통하여 전기를 공급할 수도 있다.

왼쪽 위에 있는 USB 케이블 커넥터가 컴퓨터와 아두이노를 연결하는 곳이다.

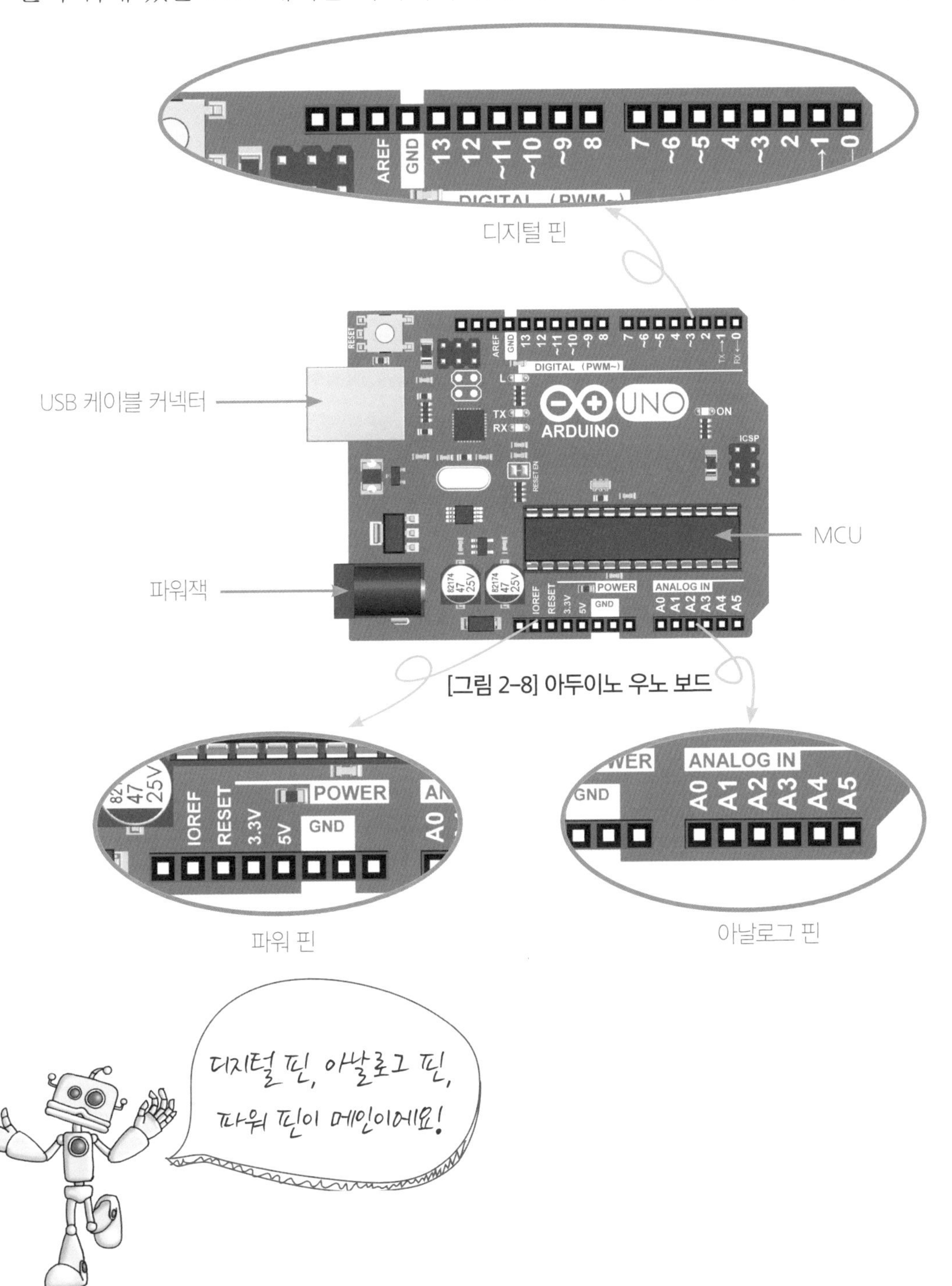

[그림 2-8] 아두이노 우노 보드

코딩교육 전문도서
누구나 쉽고 재미있게 배울 수 있는 **피지컬 컴퓨팅!**

코딩의 즐거움 - 아두이노

Chapter 3

실습 프로젝트

1. LED 컨트롤
2. 디지털 스위치 사용 방법
3. 모니터로 아두이노 작업 확인하기
4. 디지털 방법으로 LED 밝기 컨트롤 하기
5. 빛 센서를 아날로그 입력으로 사용하기
6. 부저 사용 음향 톤 컨트롤 하기
7. 교통 신호등 프로젝트

LED 컨트롤

1-1 보드에 있는 LED 켜기
1-2 보드에 있는 LED 끄기
1-3 LED 켜기 끄기 반복시키기
1-4 외부 LED 컨트롤하기

준비물

아두이노 우노보드 1개

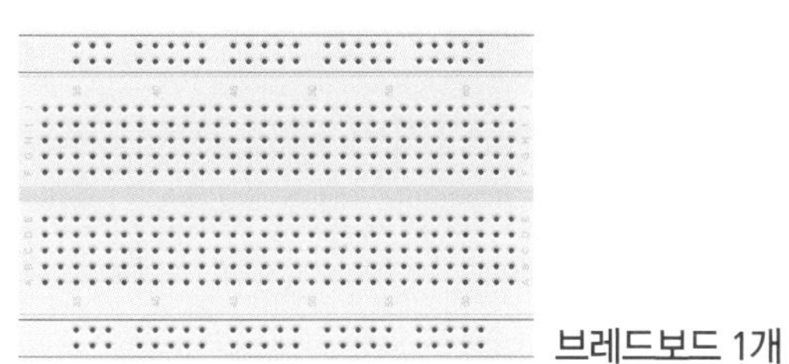
브레드보드 1개

220Ω 저항 1개

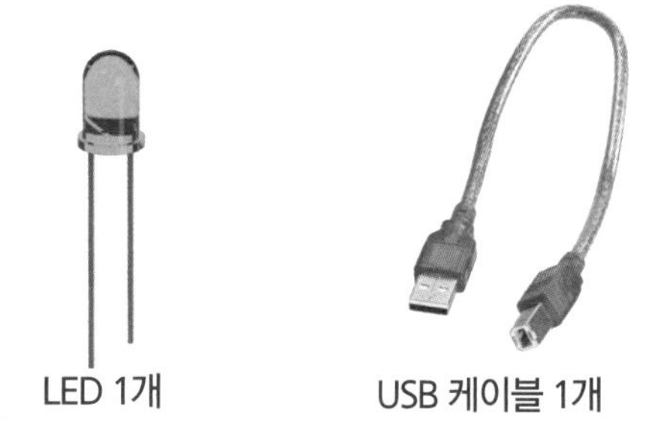
LED 1개

USB 케이블 1개

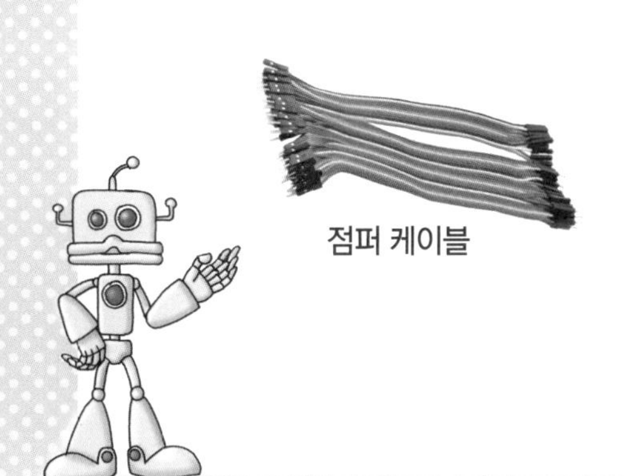
점퍼 케이블

1 보드에 있는 LED 켜기

아두이노 보드에는 테스트 목적으로 장착된 LED가 있다.
내부적으로 13번 디지털 핀과 연결되어 있어서,
13번 디지털 핀을 5V 출력으로 만들면 LED가 켜진다.

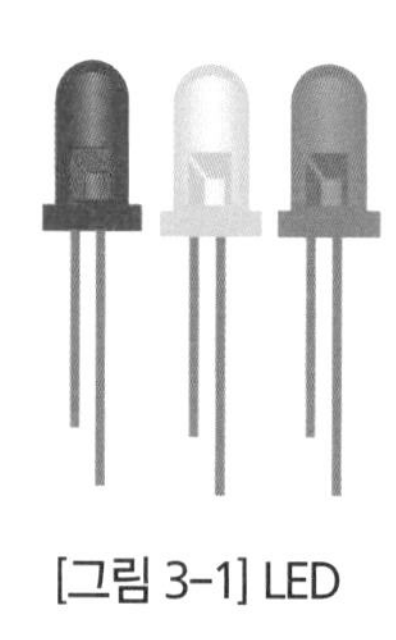

[그림 3-1] LED

아두이노 코딩은 매우 간편해서 스케치라고 부른다.
아두이노를 시작시키기 위하여 소프트웨어를 다운로드 받았을 때
만들어진 아두이노 아이콘 을 클릭하여 아두이노 IDE[그림 3-2]를
오픈한다.

메모장과 비슷한 생김새인 IDE는 통합개발환경이라고 부른다.
스케치 작성, 교정, 보드에 스케치를 보내는 기능이 통합되어 있다는 뜻이다.

기능이 많지만 사용방법은 간단하다.

모든 스케치마다 반드시 들어가야 하는 문장 2개가 있다.
[그림 3-2]에 있는 보이드 셋업(void setup)과 보이드 루프(void loop)이다.

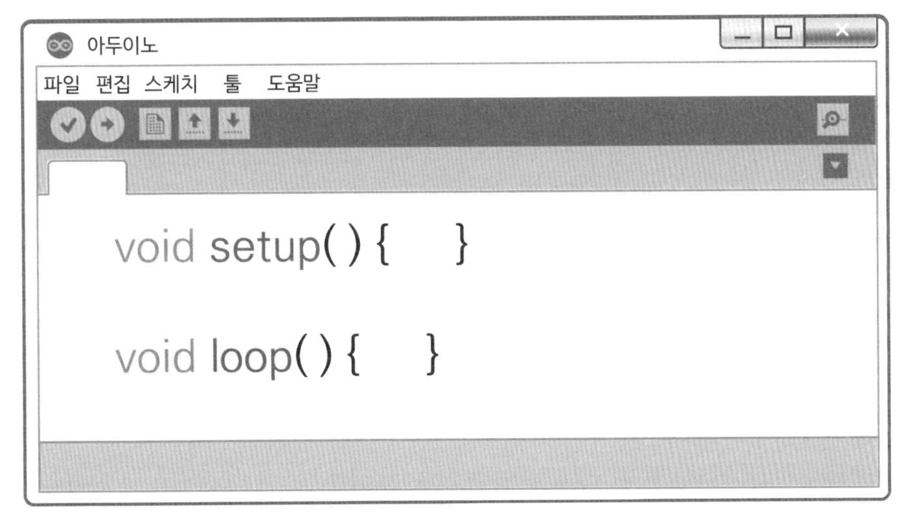

[그림 3-2] IDE 기본 구조

void setup( )은 작업을 준비하라는 명령이다. 준비하는 내용은 이어지는 중괄호 { } 안에 작성한다.
void loop( )는 실제 작업을 하는 곳이며 작업하는 내용은 이어지는 중괄호 { } 안에 작성한다.

다음에 있는 간단한 예제 스케치 코딩을 보면서 명령이 어떻게 사용되는지 알아보자.

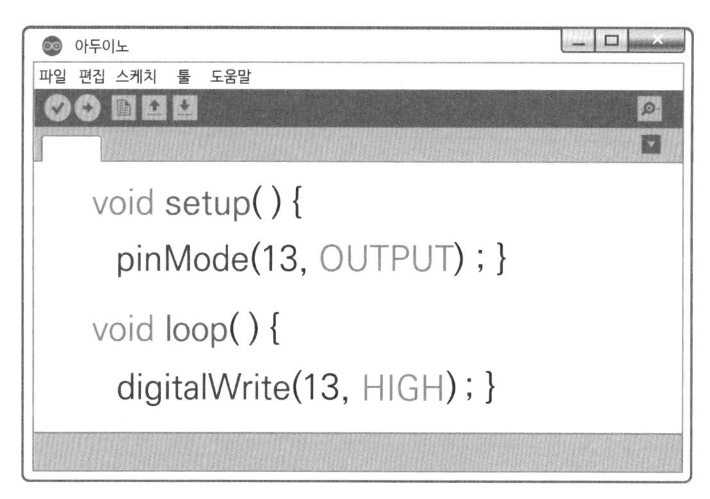

[그림 3-3] LED 켜기 스케치

[그림 3-3]에 있는 스케치를 보자.

셋업(setup)할 내용이 들어갈 중괄호 { } 안에는 핀의 형태인 핀모드(pinMode)를 준비해 주어야 한다.

LED를 켜는 준비이므로 핀 모드는 출력(OUTPUT)으로 해주고 13번 핀을 사용할 것이니 pinMode(13, OUTPUT)이다.

명령 끝에는 항상 세미콜론 ; 을 한다.

루프(loop)는 단어 뜻 그대로 계속 반복을 하라는 명령이다. 반복할 내용은 이어지는 중괄호 { } 안에 있다.

디지털 값을 사용할 것이므로 digitalWrite(디지털쓰기)를 사용한다. LED를 켜는 것이므로 HIGH로 한다. 13번 핀을 사용할 것이니 digitalWrite(13, HIGH) 하면 된다.

열린 IDE에 [그림 3-3]에 있는 스케치를 입력하자.

스케치에서 지정된 명령 단어를 입력하면 자동적으로 명령의 특성에 따라 색상이 변하게 된다. 대문자와 소문자를 확실하게 구분해 주어야 한다.
이 스케치에서 대문자는 M, W, OUTPUT, HIGH이다.
스케치가 완성되었으니 이제 보드로 보내기만 하면 된다.

그러나 모든 사항이 다 정확하게 되었는지 한 번쯤 점검해 보는 것이 좋다.

첫째는 스케치에 오류는 없는지 확인하자.
IDE 메뉴바에 있는 컴파일 아이콘 ✔ 을 클릭하면 몇 초 후에 IDE 아래쪽에 '컴파일 완료'라는 글씨가 나온다. 이는 스케치에 오류가 없다는 의미이다.
컴파일은 인간의 단어를 컴퓨터 언어로 변환시키는 것이다.

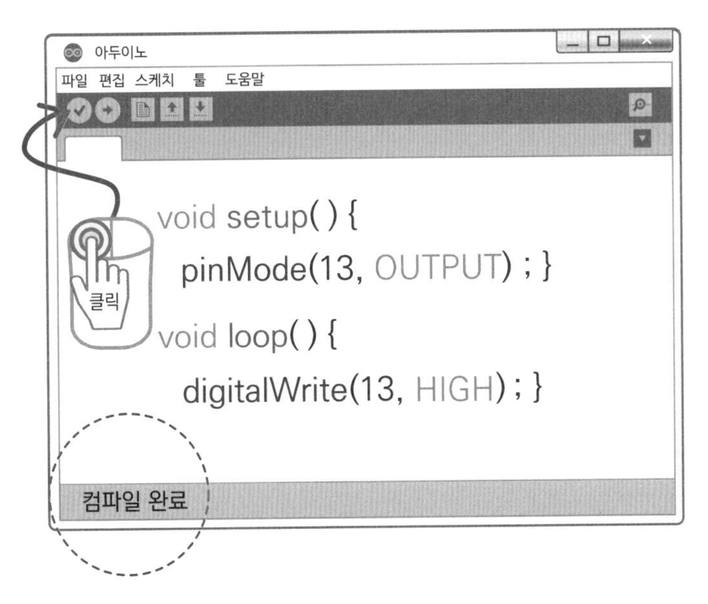

둘째는 선택된 보드를 확인하는 것이다. '툴'을 클릭하고 보드를 [그림 3-4]와 같이 우리가 사용하는 'Arduino/Gennuino Uno'를 선택하면 된다.

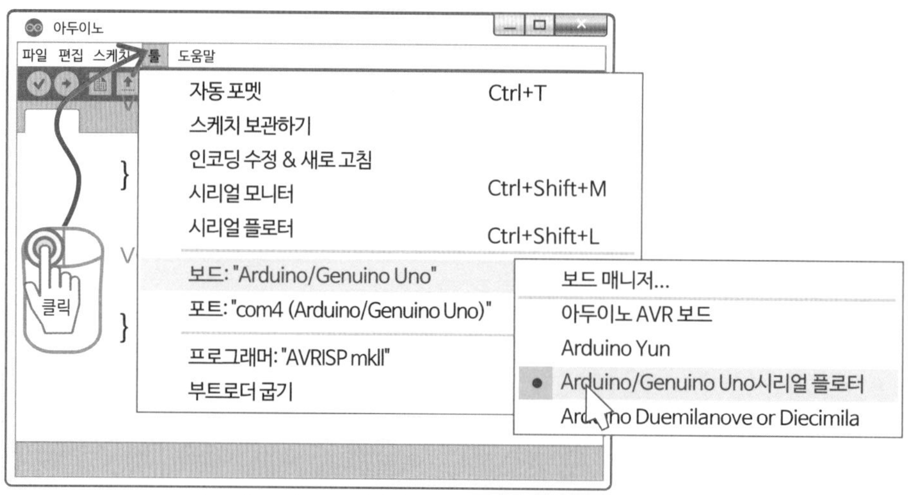

[그림 3-4] 보드 확인

셋째는 IDE가 연결된 포트를 인식하고 있는가이다. '툴'을 클릭하고 '포트'를 열면 [그림 3-5]와 같이 COM4(Arduino/Genuino Uno)라는 곳이 체크되어 있어야 한다. COM4는 독자의 컴퓨터에 따라 번호가 다르게 나타난다.

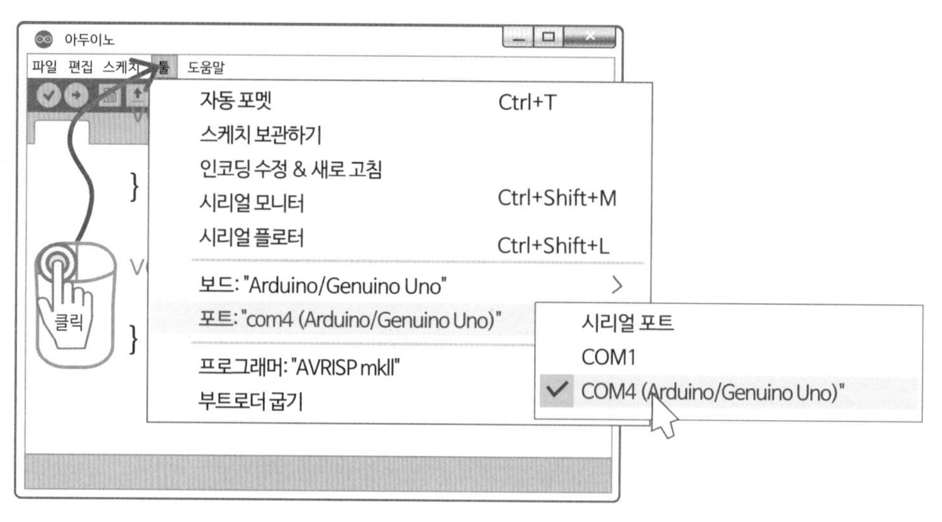

[그림 3-5] 포트 확인

MS 윈도8을 사용한다면 포트와 자동적으로 연결되지 않아 이런 글자가 나타나지 않을 수 있다. 다운로드 받은 아두이노 소프트웨어에 있는 driver라는 파일을 설치해 주어야 한다. 방법은 교재 뒷부분에 있는 첨부를 참조하기 바란다.

자, 이제 스케치를 아두이노 보드로 보내자. 이 작업을 업로드라고 하며 [그림 3-6]에 있는 메뉴바에서 오른쪽 화살표 ➔ 를 클릭하면 된다. 빠르게 PC에서 보드로 스케치가 이동되고 IDE 아래에 '업로드 완료'라는 글씨가 나오며, 동시에 [그림 3-7]과 같이 LED가 켜지는 것을 볼 수 있다.

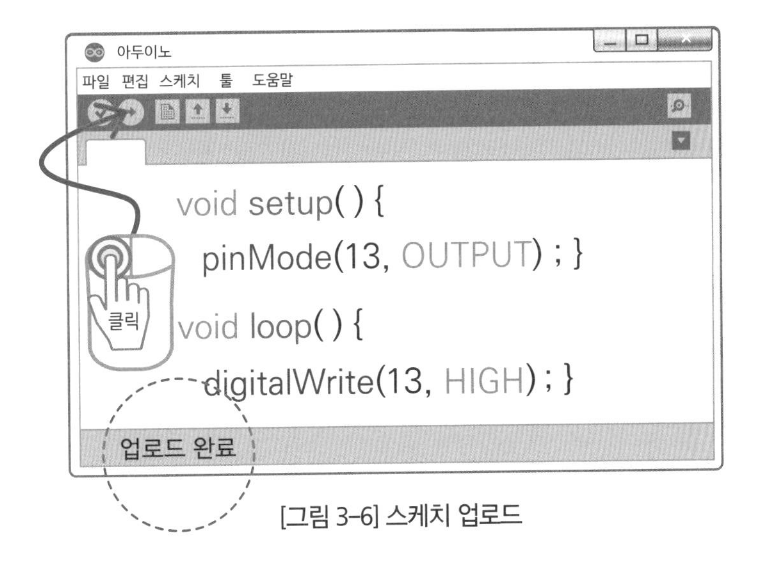

[그림 3-6] 스케치 업로드

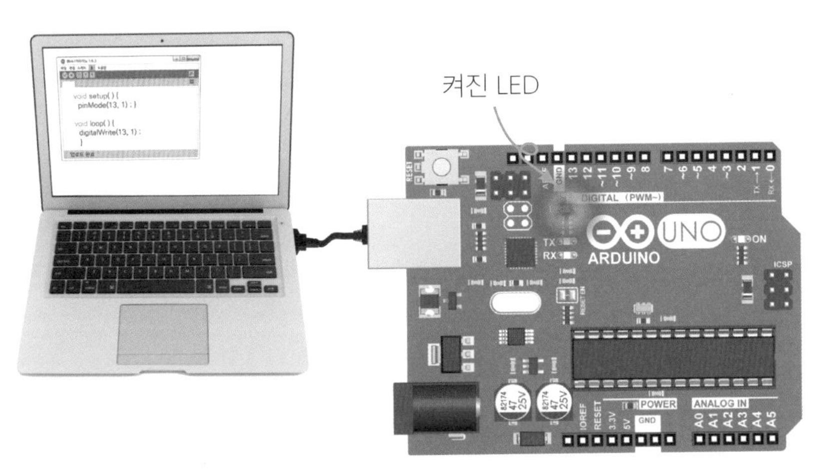

[그림 3-7] LED 켜기

보드에 있는 LED 끄기

LED를 끄는 명령은 아주 쉽다.

앞에서 사용한 켜기 스케치에서 digitalWrite 안에 있는 HIGH를 LOW로 바꾸기만 하면 된다.
5V 대신 0V가 나가게 되어 LED는 꺼지게 된다.

[그림 3-8]의 스케치에 코멘트 표시를 소개하였다.
코멘트는 프로그램 작동과는 무관하다.
나중에 볼 때 무엇인지 참고하기 위한 내용이다.

여러 줄에 걸쳐서 코멘트를 작성할 때는 /*로 시작하고 맨 끝에 */로 마감하면 된다.
한 줄 코멘트는 //하면 된다.
한 줄 코멘트를 반복해서 여러 줄 사용해도 된다.

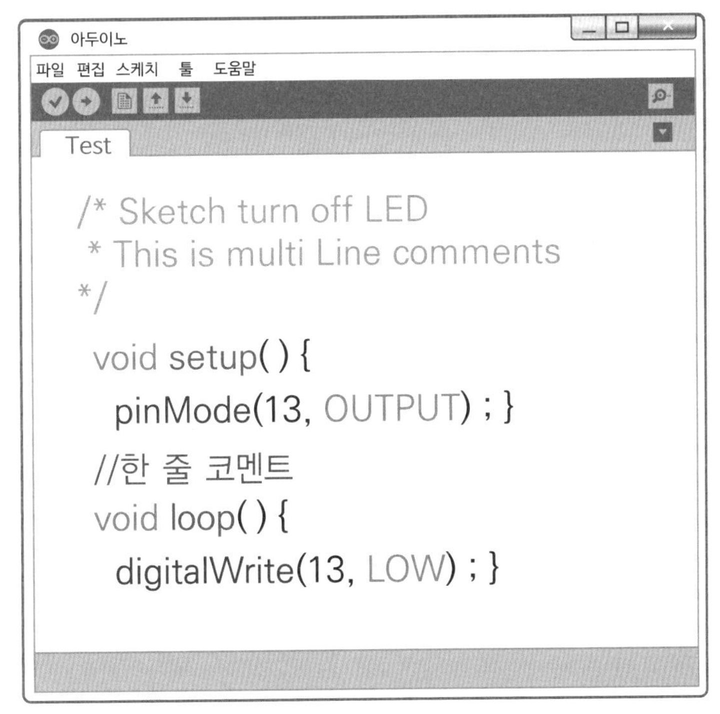

[그림 3-8] LED 끄기 스케치

LED 켜기 끄기 반복시키기

LED를 켜는 명령과 끄는 명령은 앞에서 수행한 2개의 프로젝트를 통해서 설명하였다.

[그림 3-9]에 있는 스케치를 보자.
LED를 켜려면 digitalWrite(디지털쓰기)에서 HIGH를 사용하고, 끄려면 LOW를 사용하면 된다.
켜고 이어서 바로 끄고 하면 아두이노는 속도가 너무 빨라 우리눈으로 깜박거리는 것을 감지할 수가 없다(아두이노 MCU는 16MHz 시계를 사용한다).
시차를 두고 켜지고 꺼지게 해야 우리눈으로 볼 수 있다.

시차를 만들어 주는 명령이 delay(딜레이)이다. '지연시키다'라는 뜻의 delay(딜레이)는 다음 명령으로 넘어가는 것을 괄호 안에 있는 밀리 초만큼 지연시키라는 명령이다.
여기에서 사용한 delay(1000)은 1000 밀리 초 즉 1초 후에 다음 명령을 수행하라는 뜻이다.

스케치를 업로드하자. 업로드 완료라는 글씨가 나오는 동시에 보드에 있는 LED가 1초에 한 번씩 깜박거리는 것을 볼 수 있다. 아두이노를 사용하는 목적은 외부에 있는 LED 또는 모터와 같은 기기를 컨트롤 하는 것이다.

아두이노

파일 편집 스케치 툴 도움말

sketch_jun19a

```
void setup( )
{ pinMode(13, OUTPUT) ; }

void loop( ) {
  digitalWrite(13, HIGH) ;
  delay(1000) ;
  digitalWrite(13, LOW) ;
  delay(1000) ;
}
```

[그림 3-9] LED 켜기/끄기 스케치

[그림 3-10]과 같이 디지털 13번 핀에 LED와 220옴 저항을 연결하자. 보이드 셋업(void setup)에 있는 내용은 한 번만 작동하고 보이드 루프(void loop) 안에 있는 내용은 계속 반복해서 수행한다.

정지시키는 방법은 몇 가지 있는데 지금은 그냥 USB 선을 뽑으면 된다. 한번 업로드된 스케치는 새로운 스케치를 업로드하기 전까지는 영원히 MCU에 저장되어 있어 언제든지 전원만 공급하면 엘이디를 깜박거리게 한다.

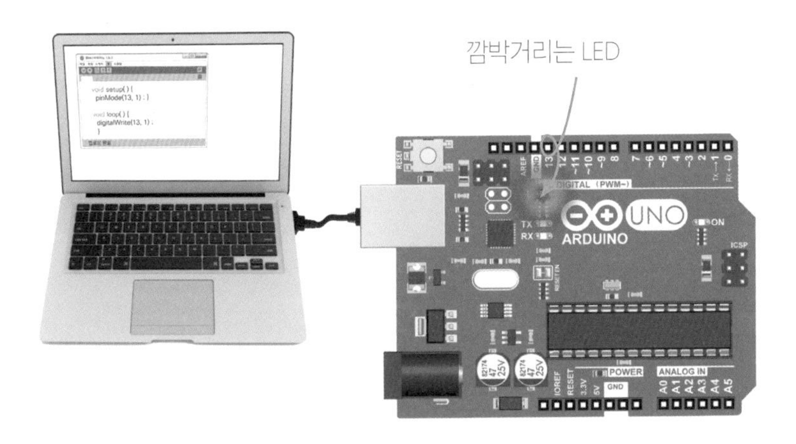

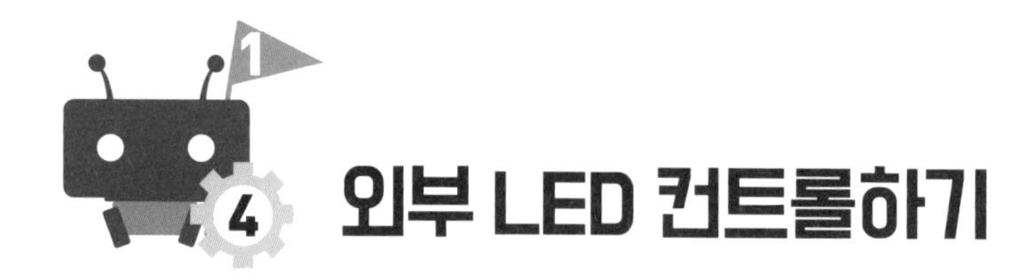

외부 LED 컨트롤하기

아두이노를 사용하는 목적은 외부에 있는 LED 또는 모터와 같은 기기를 컨트롤 하는 것이다.

[그림 3-10]과 같이 디지털 13번 핀에 LED와 220옴 저항을 연결하자.
LED 극성을 유념해야 한다.
리드선이 긴 쪽을 13번 핀에 연결하고 짧은 쪽은 GND에 연결하여야 한다.
GND는 전자회로판에서 -극 역할을 하는 곳이다.
아두이노 우노의 경우 디지털 13번 핀 옆에 있고 또 5V 파워 핀 옆에 2곳이 더 있다.

GND와 LED -리드 사이에 220옴 저항을 연결한다. [그림 3-10]
저항을 사용하는 이유는 1. 전자부품의 1.1 LED에서 설명한 대로 LED와 두뇌인 MCU를 보호하려는 것이다. 저항은 극성이 없기 때문에 어느 방향으로 연결해도 된다.

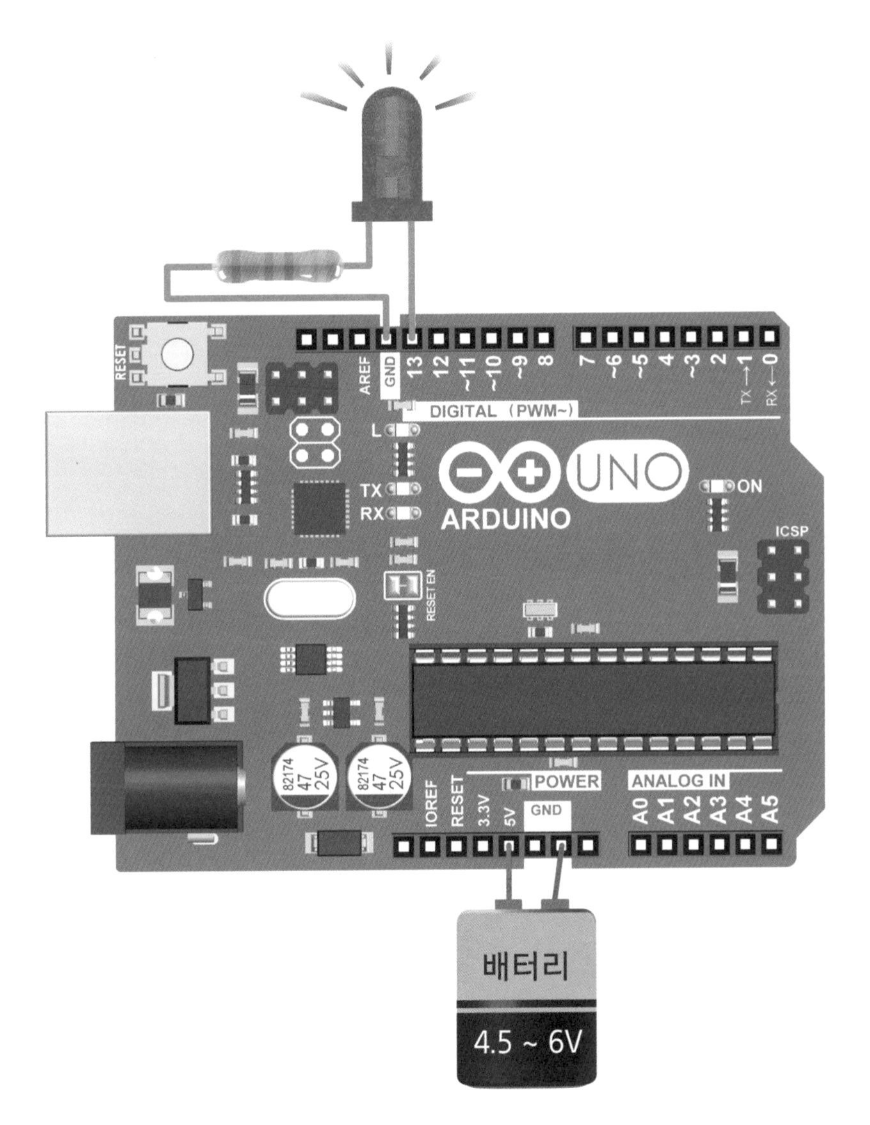
RESET
AREF
GND
13
12
~11
~10
~9
8
7
~6
~5
4
~3
2
TX→1
RX←0
DIGITAL (PWM~)
L
TX
RX
UNO
ARDUINO
ON
ICSP
RESET EN
82174
47
25V
IOREF
RESET
3.3V
5V
GND
POWER
ANALOG IN
A0
A1
A2
A3
A4
A5
배터리
4.5 ~ 6V

[그림 3-10]

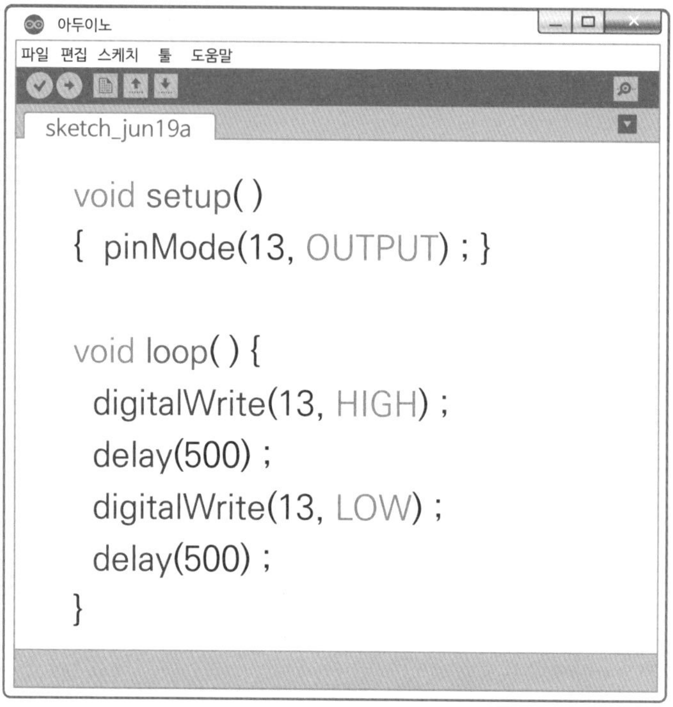

아두이노
파일 편집 스케치 툴 도움말
sketch_jun19a

```
void setup( )
{ pinMode(13, OUTPUT) ; }

void loop( ) {
  digitalWrite(13, HIGH) ;
  delay(500) ;
  digitalWrite(13, LOW) ;
  delay(500) ;
}
```

[그림 3-11] LED 컨트롤 스케치

[그림 3-11]에 있는 스케치는 앞[그림 3-9]에서 사용한 것과 같지만, 시간만 0.5초로 변경시킨 것이다.

업로드하면, 보드에 있는 LED와 외부 LED가 동시에 깜박거리는 것을 볼 수 있다.

LED나 모터를 컨트롤할 때 디지털 핀 2번부터 13번까지 어느 것을 사용해도 된다. 0번과 1번 디지털 핀은 컴퓨터와 아두이노 보드가 서로 프로그램도 보내고, 데이터도 받고 하는 목적으로 지정된 핀이므로 아주 특별한 경우 이외는 사용하지 않는 것이 좋다.

연결된 회로를 보여줄 때는 부품만 있는 그림이 이해하기 쉽다.

그러나 실제로 회로를 만들 때는 브레드보드를 이용하는 것이 편리하다. 스

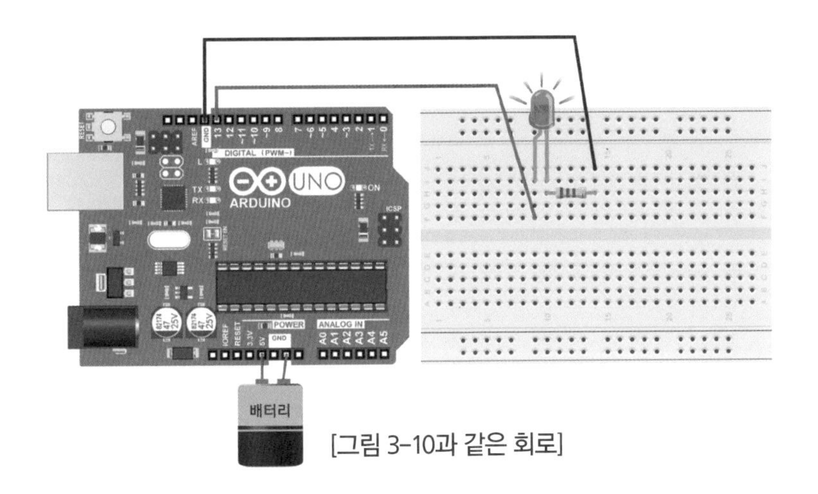

[그림 3-10과 같은 회로]

케치를 컴파일해보자. 명령을 입력할 때 스펠링 에러가 없다면 수초 안에 IDE 밑 부분에 컴파일 완료라는 글씨가 나온다.
만약 에러 메시지가 나오면 스케치의 글씨 색상을 보면서 입력이 잘못되었는지 확인한다.
세미콜론이 바르게 입력되었는지 확인한다. 괄호 } 및)이 바르게 입력되었는지 확인한다.

컴파일할 때는 컴퓨터와 아두이노 보드가 서로 연결되어 있지 않아도 된다.
그러나 업로드할 때는 반드시 컴퓨터와 아두이노 보드가 서로 연결되어 있어야 한다.
보드와 포트 확인은 IDE를 새로 오픈했을 때 한 번만 확인하면 된다.

스케치가 업로드 된 다음에는 컴퓨터와 연결하지 않고 배터리를 사용하여 [그림 3-10]처럼 작동시킬 수 있다.

디지털 출력을 테스트 했으니 이어지는 프로젝트는 디지털 입력이다.

디지털 스위치 사용 방법

준비물

아두이노 우노보드 1개

브레드보드 1개

푸시 버튼 1개

USB 케이블 1개

220Ω 저항 1개

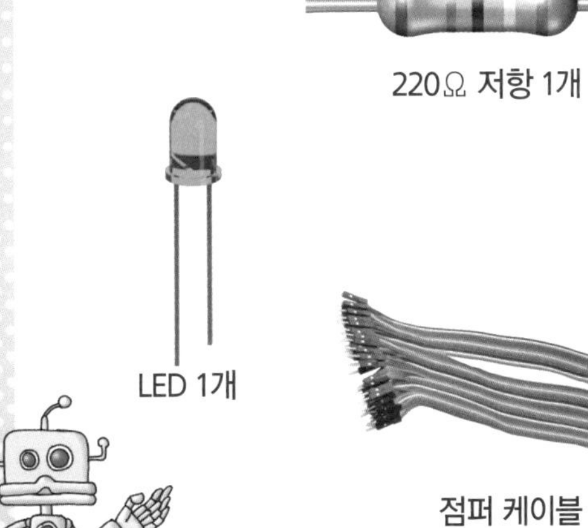

LED 1개

점퍼 케이블

디지털이라는 것은 앞에 있는 엘이디 실습에서 보았듯이 켜다(5V)와 끄다(0V) 두 가지 형태이다.
이것을 디지털에서 숫자로 표현할 때 켜다는 1을,
끄다는 0을 사용한다.
디지털 입력은 외부에서 오는 디지털 값(5V 또는 0V)을
아두이노 디지털 핀에서 받는다는 뜻이다.

푸시 버튼 스위치

디지털 8번 핀에 디지털 값이 입력되면, 2번 핀에서 엘이디를 켜는 작품을 만들어 보자.
디지털 입력 장치로 푸시버튼 스위치를 사용하자. 푸시버튼 스위치를 누르면 5V, 떼면 0V가 8번 핀에 공급되도록 회로를 구성한다.

[그림 3-12]에 있는 스케치를 보자.
셋업(setup)에서 엘이디를 켜기 위한 2번 핀은 출력으로,
디지털 값을 받을 8번 핀은 입력으로 핀모드를 준비시켰다.
루프(loop)에서 8번 핀에 들어오는 입력 값을 읽는 명령은 digitaRead(디지털 읽기)이다.
digitaRead(8)을 하면 8번 핀에서 값을 읽는다.
읽은 값은 val이라는 이름으로 저장한다.
val 앞에 쓰여진 int는 정수(integer)라는 뜻이다.
val에 있는 값은 소수점이 없는 1, 2, 3, …와 같은 숫자라는 것이다.

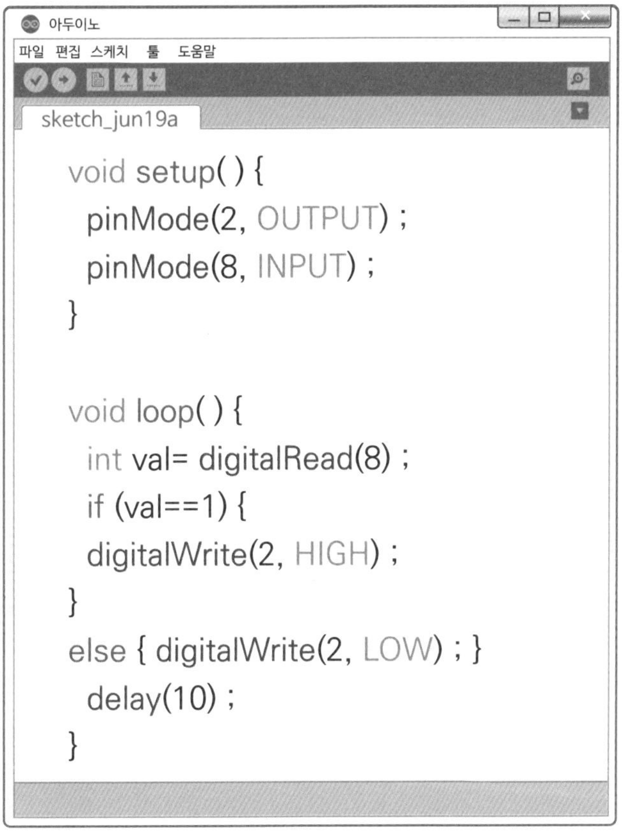
아두이노
파일 편집 스케치 툴 도움말
sketch_jun19a
void setup( ) {
pinMode(2, OUTPUT) ;
pinMode(8, INPUT) ;
}
void loop( ) {
int val= digitalRead(8) ;
if (val==1) {
digitalWrite(2, HIGH) ;
}
else { digitalWrite(2, LOW) ; }
delay(10) ;
}

[그림 3-12] 푸시 버튼 스케치

val==1 은 val=1과 전혀 다른 뜻이다.

후자는 1 을 val이라는 이름으로 저장하라는 뜻이고,

val==1 은 val에 있는 값과 1 을 비교해서 같으면 참, 다르면 거짓이라고 알려준다.

if(참)이면 이어지는 중괄호 { } 안에 있는 일을 수행한다. 즉 2번 핀에 있는 엘이디를 켜기이다.

그렇지 않고 if(거짓)이면 else로 가서 이어지는 중괄호 { } 안에 있는 일 즉 엘이디 끄기이다.

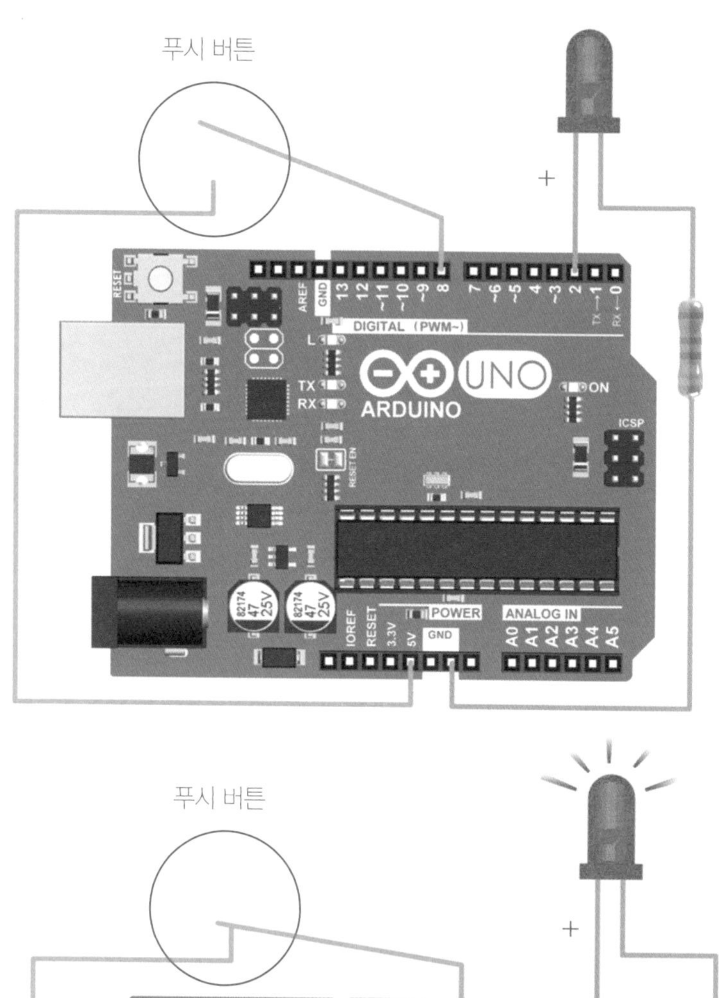

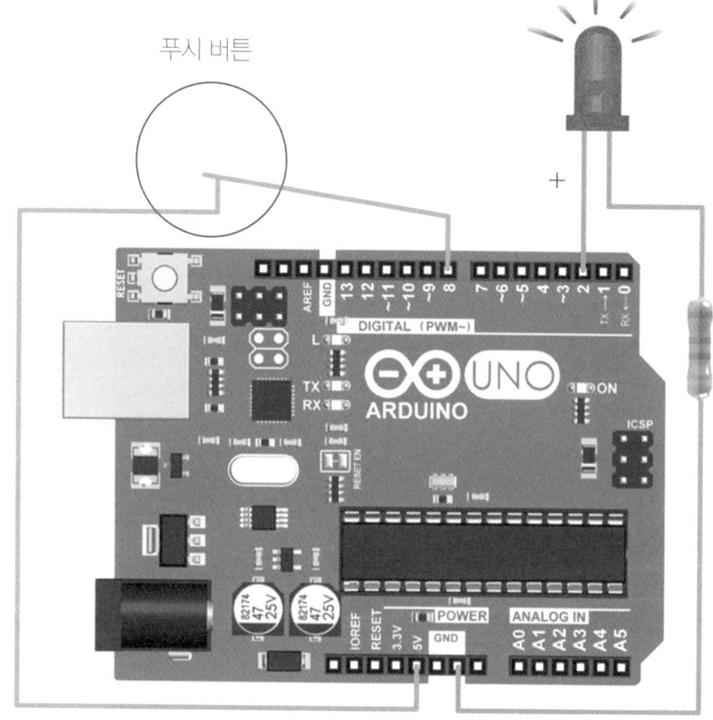

[그림 3-13] 푸시 버튼 회로

회로는 [그림 3-13]과 같이 디지털 2번 핀에 LED +극을 연결한다.

LED -극에 220옴 저항을 연결하고 저항의 다른 끝은 GND에 연결한다.

푸시 버튼 스위치의 한쪽은 파워핀 +5V에 다른 한쪽은 디지털 8번 핀에 연결한다.

업로드 후에, 스위치의 버튼을 누르면 8번 핀에 5V가 공급되어 디지털 입력값이 1이 되면서 엘이디를 켠다.

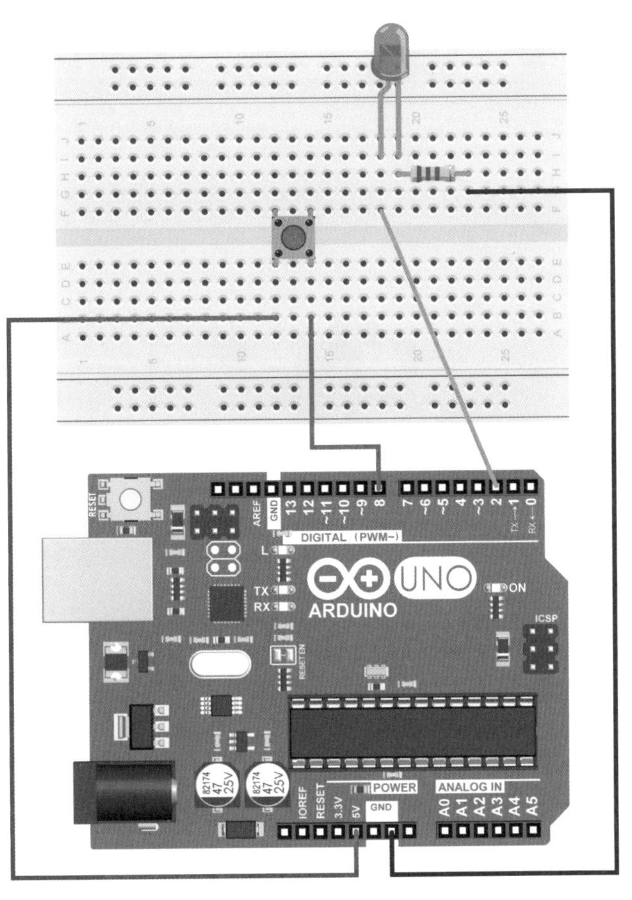

[그림 3-13과 동일한 회로]

버튼을 누르지 않으면 8번 핀은 어느 곳에도 연결되어 있지 않은 상태이어서 입력 값은 0이 되고 엘이디를 끈다..
이 회로에서 버튼을 누르고 풀기를 반복하다 보면 어떤 때는 누르지 않았는데도 엘이디가 켜져 있는 것을 볼 수 있다. 스케치 에러가 아니라 회로에 결함이 있는 것이다.

아두이노의 스케치 또는 회로의 문제점을 파악할 때 편리하게 사용할 수 있는 방법을 이어지는 프로젝트에서 소개하려고 한다.

모니터로 아두이노 작업 확인하기

준비물

아두이노 우노보드 1개

브레드보드 1개

USB 케이블 1개

푸시 버튼 1개

220Ω 저항 1개

10kΩ 저항 1개

LED 1개

점퍼 케이블

아두이노가 작업하는 내용을 시리얼 모니터에서 볼 수 있다.

디지털 0번과 1번 핀은 아두이노 보드와 컴퓨터 사이에 스케치를 이동시키거나 데이터를 주고받을 때 사용하는 핀이라고 앞에서 설명하였다.
데이터를 일렬로 보내거나 받는 방법을 시리얼(일렬, Serial) 통신이라고 한다.
이 시리얼 통신 방법을 활용하면 아두이노가 작업하는 내용을 컴퓨터 모니터에서 직접 볼 수 있다.
방법은 셋업에서 Serial.begin(9600) 해주고 루프 안에서 Serial.print(값)을 사용하면 된다.

[그림 3-14]에 있는 스케치는 앞에서 사용한 스케치인 [그림 3-12]에 시리얼(Serial) 관련된 사항만 추가한 것이다.
셋업(setup)에서 Serial.begin(9600) 명령으로 시리얼 통신을 준비하게 하였다. 9600은 초당 통신속도이다.
loop( ) 안에서 Serial.print( ) 하면 ( ) 안에 있는 값이 시리얼 모니터 창에 프린트 된다.
Serial.print("val=") 하면 " " 안에 있는 글자 그대로 프린트 된다.
Serial.println(val) 하면 val에 있는 값을 프린트한 다음 한 줄을 내린다.

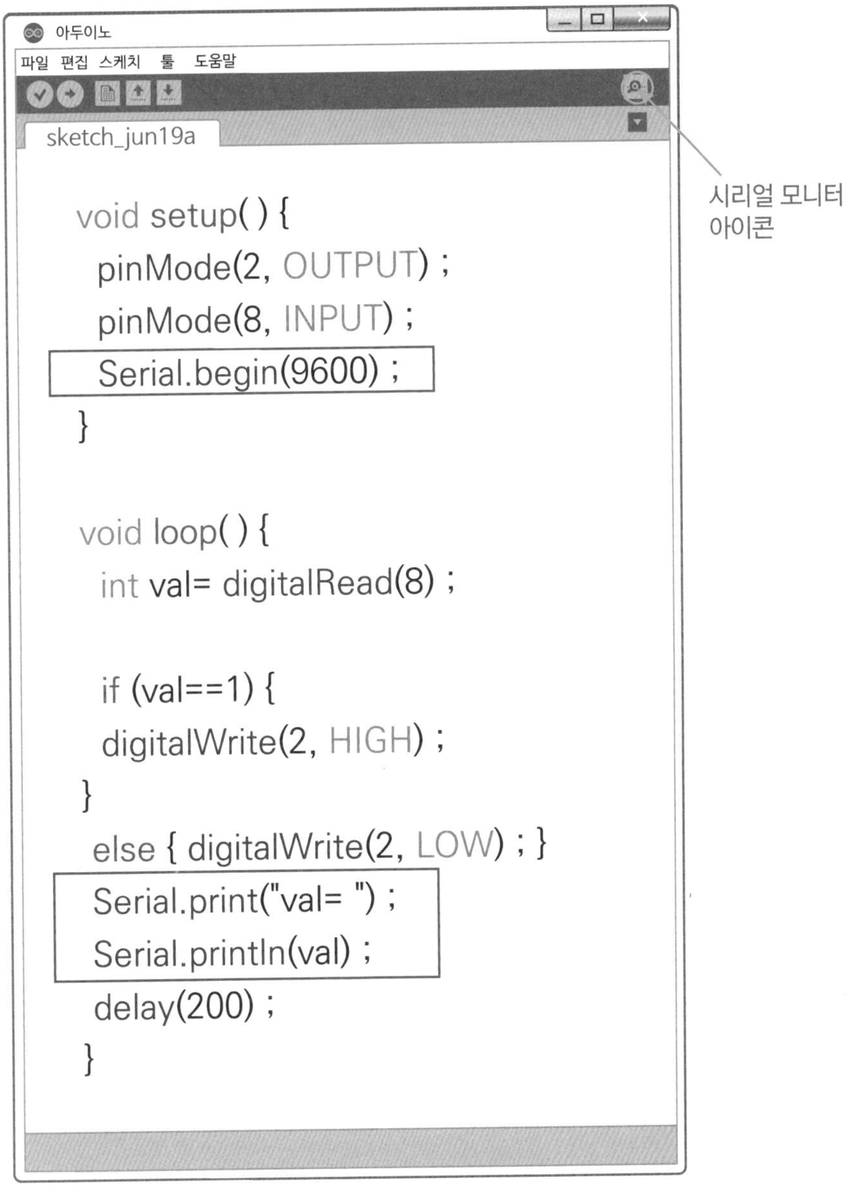

아두이노
파일 편집 스케치 툴 도움말
sketch_jun19a

```
void setup( ) {
  pinMode(2, OUTPUT) ;
  pinMode(8, INPUT) ;
  Serial.begin(9600) ;
}

void loop( ) {
  int val= digitalRead(8) ;

  if (val==1) {
  digitalWrite(2, HIGH) ;
}
 else { digitalWrite(2, LOW) ; }
 Serial.print("val= ") ;
 Serial.println(val) ;
 delay(200) ;
}
```

시리얼 모니터 아이콘

[그림 3-14] 시리얼 모니터 스케치

스케치 업로드가 완료된 후에 IDE 오른쪽 위에 있는 시리얼 모니터 아이콘을 클릭하면, [그림 3-15]와 같은 시리얼 모니터 창이 컴퓨터에 나타난다. 스위치를 누르지 않았는데도 val 값이 0이 되었다 1이 되었다 하면서 LED도 깜박거리는 것을 볼 수 있다.

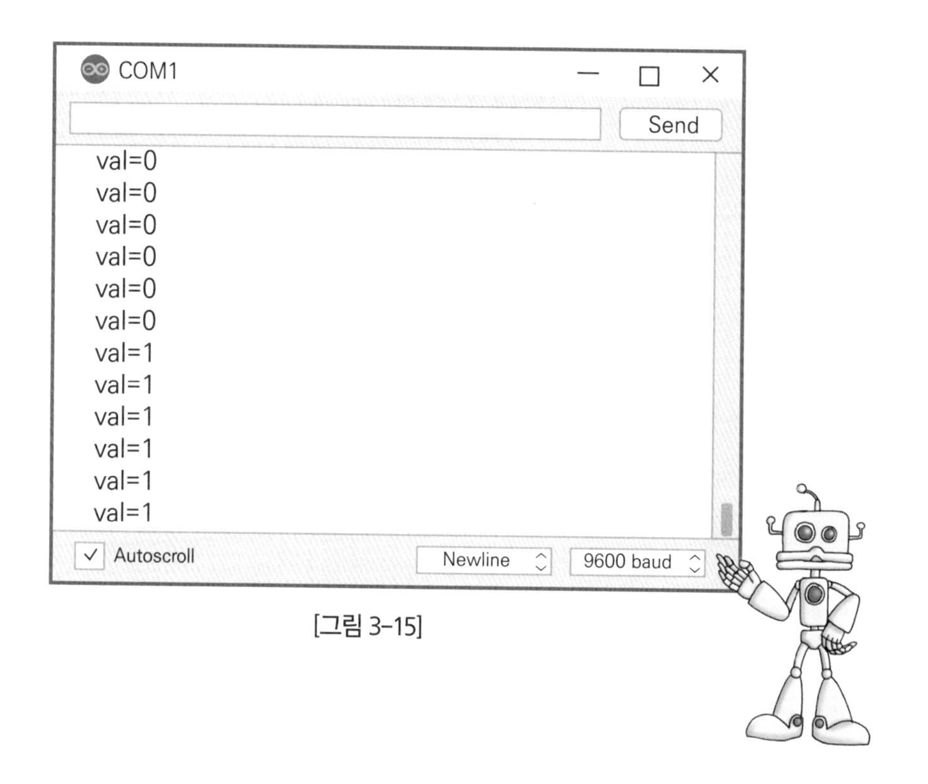

[그림 3-15]

원인은 스위치를 누르지 않았을 때 8번과 연결된 선이 안테나 역할을 하여 주위에 있는 노이즈 때문에 잘못된 정보를 8번 핀에 공급하기 때문이다. 해결 방법은 8번 핀과 GND 사이에 10K옴 정도의 큰 저항을 연결해주면 된다.

이렇게 하면 스위치를 누르지 않았을 때는 0V가 공급되고, 스위치를 누르면 5V가 공급된다.

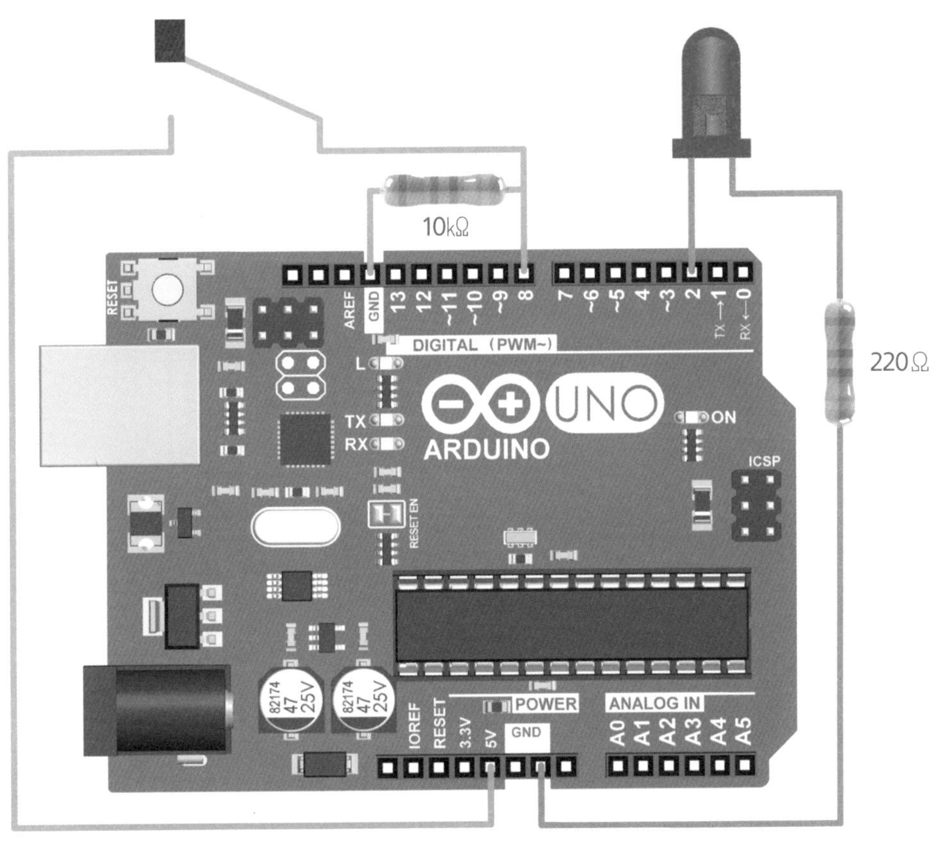

[그림 3-16] 풀 다운 회로

개선된 회로 [그림 3-16]는 스위치를 눌러 5V가 연결되면, 큰 저항이 앞에 있는 GND 쪽으로 전기가 가지 않고 저항이 없는 8번 핀으로 전기가 흘러가게 된다.

이렇게 저항을 GND에 연결해서 문제를 해결하는 방법을 풀다운 저항방법이라고 부른다.

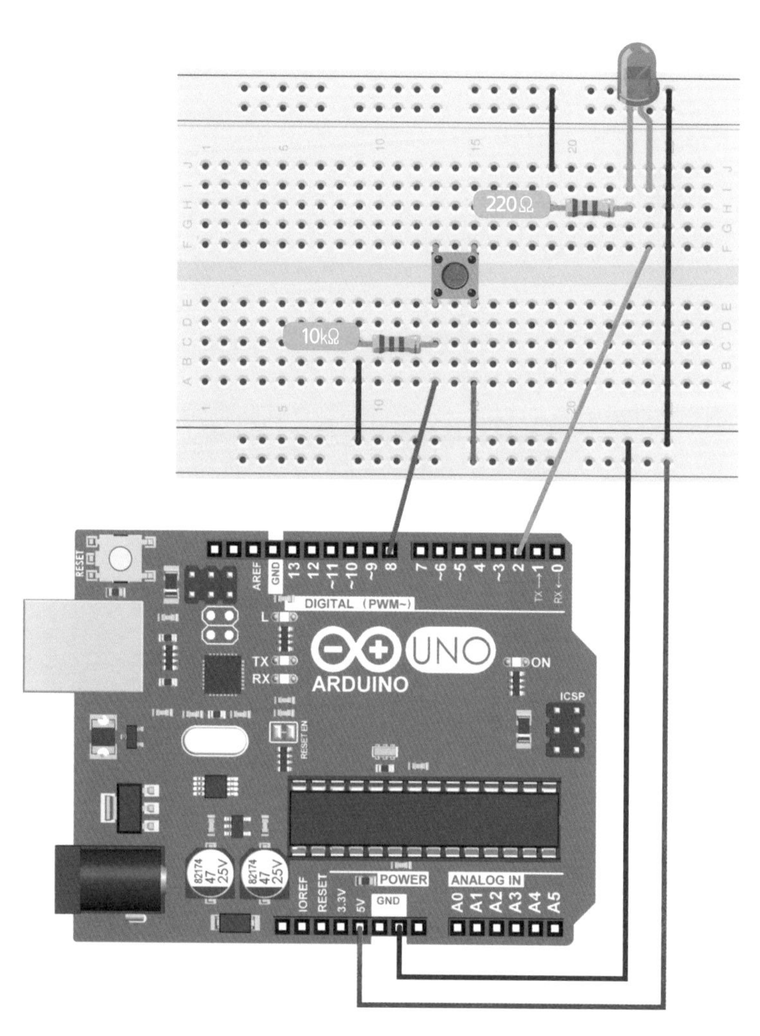

[그림 3-16과 동일한 회로]

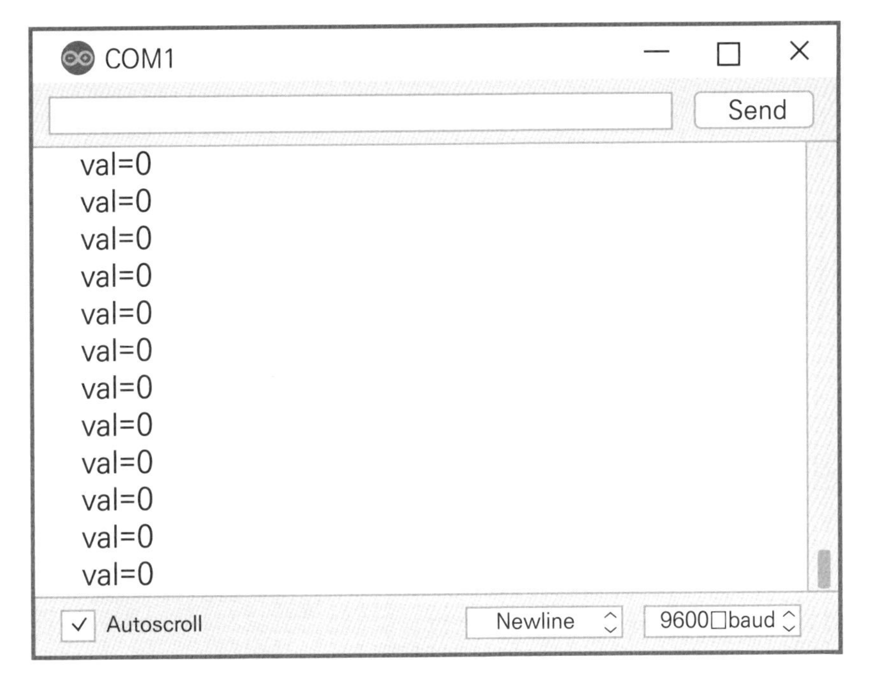

[그림 3-17]

이제 시리얼 모니터 [그림 3-17]를 열어 보면, 스위치를 누르지 않았을 때 정확하게 0이 나오는 것을 볼 수 있다.

시리얼 모니터 통신 속도를 조절할 수 있다.
[그림 3-17]의 모니터 창 오른쪽 아래를 보면 9600 baud가 있고 오른쪽 옆에 있는 업/다운 표시를 클릭하면 선택할 수 있는 속도 숫자들이 나온다.
300에서부터 250000까지 다양하게 선택할 수 있다.
baud는 초당 속도로 이해하면 된다. 연결하는 부품의 성능에 따라 속도를 선택하면 된다. 단 스케치에서 정한 속도와 모니터에서 보는 속도는 같아야 한다.

디지털 방법으로 LED 밝기 컨트롤하기

준비물

아두이노 우노보드 1개

브레드보드 1개

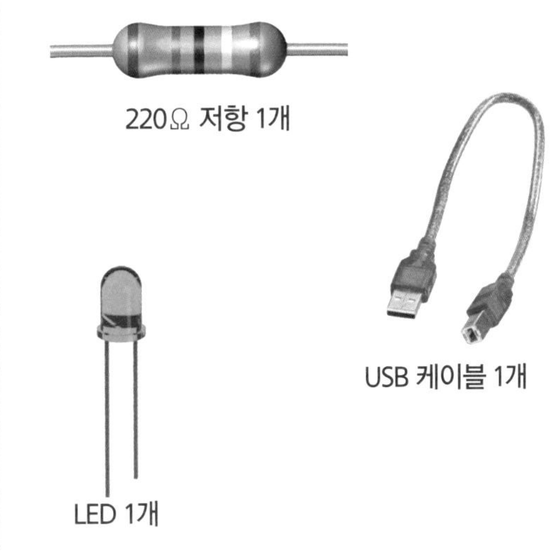

220Ω 저항 1개

USB 케이블 1개

LED 1개

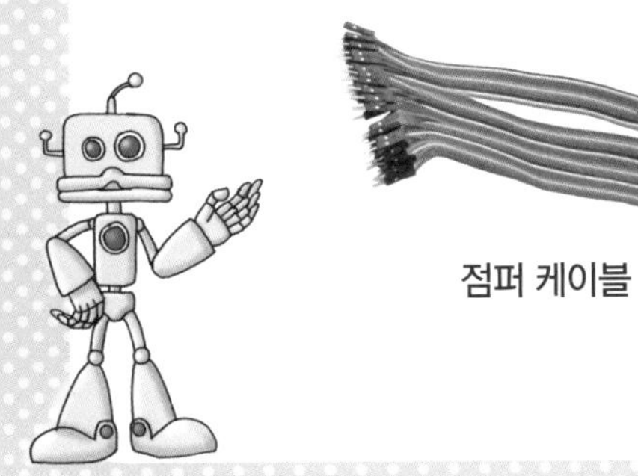

점퍼 케이블

LED 밝기를 컨트롤 하려면 1.5V, 1.8V, 2.3V, 4.5V 같은 아날로그 전압이 필요하다. 그러나 여러 종류의 전자 보드에는 대부분 아날로그 섹션이 없다.
그나마 아두이노 보드에는 아날로그 섹션이 있는데 이곳은 입력만 가능하고 출력은 안 된다.

아두이노에서는 이를 극복할 방법이 있다.
디지털 핀을 5V로 90% 시간, 0V로 10% 시간 켜면
$5 \times 0.9 + 0 \times 0.1 = 4.5$V가 된다.

이와 같은 방법으로 0부터 5V 사이 어떤 값의 전압도 만들어 낼 수 있다.
이런 방법을 펄스폭 변조(Pulse Width Modulation: PWM)라고 한다.

디지털 핀을 PWM 핀으로 사용하기 위하여 비트라는 디지털 세계의 최소 기본단위에 대한 이해가 필요하다.
비트는 0 아니면 1 둘 중 하나의 숫자만 들어갈 수 있는 박스와 같다.

□	1개이므로 1비트라고 부른다. 들어갈 수 있는 숫자는 0 아니면 1 즉 2종류를 나타낼 수 있다.
□ □	2개이므로 2비트. 들어갈 수 있는 숫자는 0 0, 0 1, 1 0, 1 1 총 4종류를 나타낼 수 있다.
□ □ □ □	4비트. 들어갈 수 있는 숫자는 $2^4=16$ 총 16개의 수.

8비트인 경우 나타낼 수 있는 수는 $2^8=256$이다.

[비트 상자]

여기에서 2, 4, 16, 256이라고 하는 숫자는 우리에게 익숙한 10진수이다.
우리가 사용하는 10진수 숫자를 카운트할 때는 1부터 시작하여 2, 3, .. 256 한다.
그러나 디지털 세계는 0부터 카운트를 하기 때문에 8비트로 나타낼 수 있는 최대 수는 255이다.

모든 디지털 핀이 이런 능력을 가진 것은 아니다.
번호 앞에 ~ 표시가 있는 핀들이 있다. 우노 보드인 경우 3, 5, 6, 9, 10, 11 이 PWM 핀이다.

아두이노 우노의 PWM 핀은 8비트이다.
PWM 핀으로 나타낼 수 있는 최대 숫자는 255이고 전압으로 환산하면 5V이다. 물론 최소 숫자는 0이고 전압으로는 0V이다.

디지털 핀을 아날로그 출력 핀으로 사용하려면 analogWrite(아날로그쓰기) 명령을 사용하면 된다.
analogWrite(핀 번호, 숫자 값)에서 핀 번호는 아날로그 출력 전압을 내보낼 핀의 번호이고, 숫자 값은 출력할 전압값에 상응하는 8비트 숫자값이다.

예를 들어 설명하면 이제까지 모호하게 느껴졌던 개념의 이해가 명백해진다.

5V를 출력하려면 숫자 값에 255를 쓰면 된다.

4V를 출력하려면 255×4/5=204 하면 된다.

같은 방법으로 3V는 255×3/5=153이다.

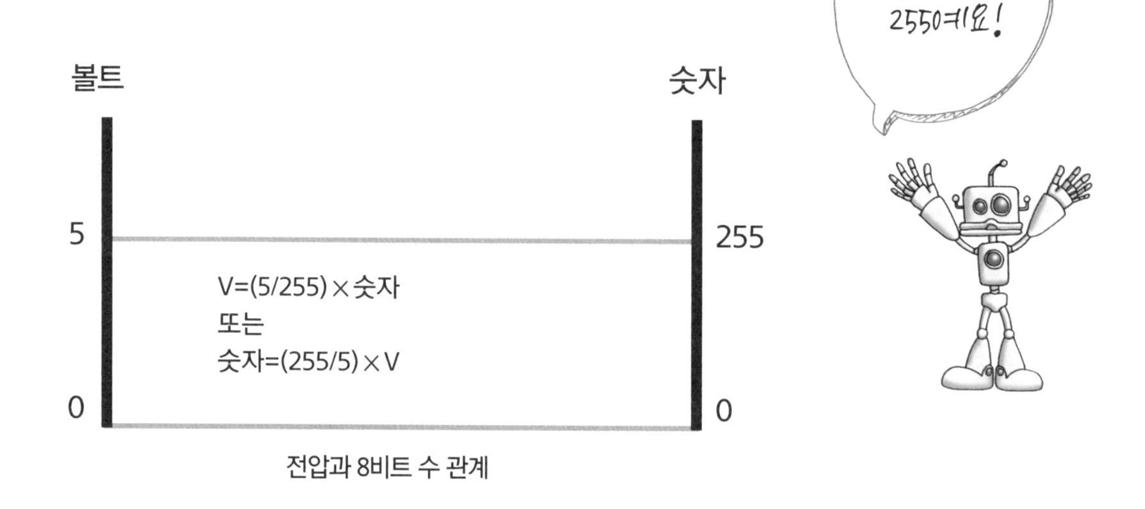

전압과 8비트 수 관계

9번 핀에 LED를 연결하여 빛 밝기를 조절해 보자.

LED +극은 9번 핀에 -극은 저항에 연결하고, 저항의 다른 끝은 GND에 연결한다.

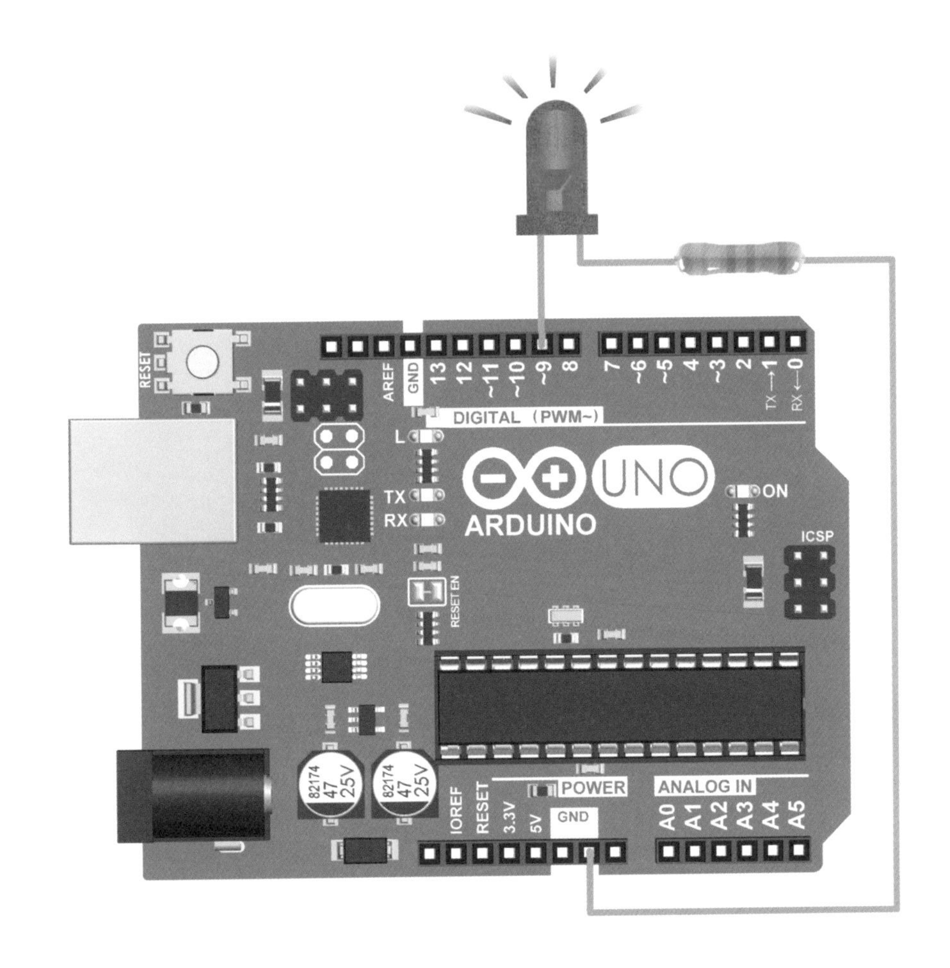

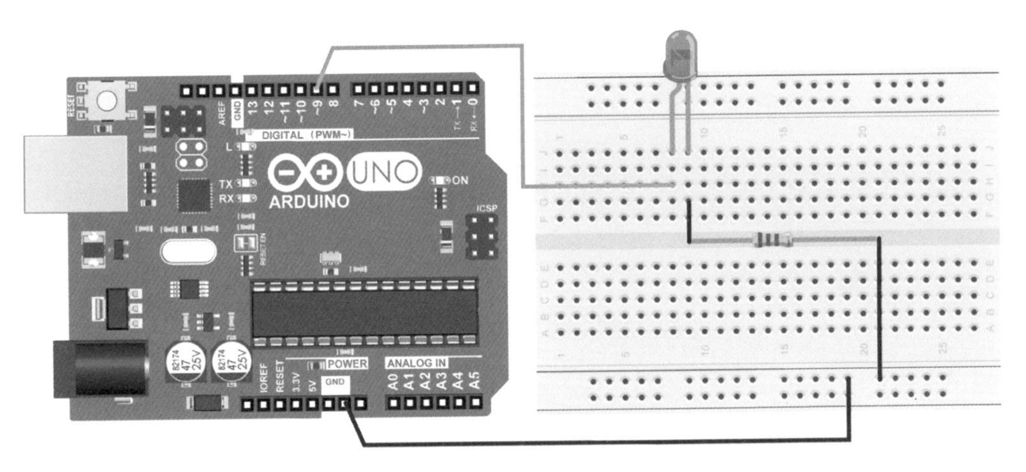

[그림 3-18] D9 밝기 조절 LED

아두이노
파일 편집 스케치 툴 도움말
PWM§

```
void setup( ) {
 pinMode(9, OUTPUT) ; }

void loop( ) {

 for (int j = 0;  j <= 255;  j = j + 1) {
 analogWrite(9, j) ;
 delay(10) ;
 }

 for (int k = 0;  k <= 255;  k = k + 1) {
 analogWrite(9, 255 - k) ;
 delay(10) ;
 }
}
```

[그림 3-19] LED 밝기 조절 스케치

[그림 3-19]에 있는 스케치를 보자. 셋업에서 9번 핀을 출력으로 준비하였다.

중요한 부분 반복 명령어인 for를 설명하겠다.
for(시작점 ; 종점 ; 한번 증가량)으로 이루어져 있다.
시작점은 반복을 시작하는 숫자 값으로 0, 1, 5, 100 … 어떤 값이어도 된다.
종점인 숫자 값에 도달하면 부분 반복을 끝내고 다음 명령으로 이동한다.

한번 증가량은 반복할 때마다 증가할 숫자 값이다.

사용한 스케치를 보면 이해가 쉽다.
루프(loop)에서 for (int j = 0 ; j < = 255 ; j = j + 1)을 사용하였다.
시작점은 0이고 j라는 이름으로 부분 반복하는데 최종 종점은 j 값이 255 될 때까지이다.
반복할 때마다 증가하는 j의 값은 1이다. j = j+1 하면 값이 1씩 증가한다.
가장 밝은 255에 이르면 다음 구분 반복인 for에 있는 k에 의해 점점 어두워지게 된다.
어두워지게 되는 이유는 analogWrite(9, 255-k)에 나와 있듯이 k값이 1씩 증가할 때마다 255-k의 값이 입력되므로, k값이 증가할 때마다 반대로 입력 값은 1씩 감소하게 되기 때문이다.
완전하게 꺼지는 0이 되면 다시 j로 와서 다시 밝아지기를 반복하는 스케치이다.

스케치가 업로드 되면 LED가 차츰 밝아지고 최고로 밝은 빛이 되면, 차츰 어두워지고 다시 밝아지고 하는 것을 반복한다.
예제에서는 단순하게 1씩 증가하는 스케치인데 제곱근 또는 로그 함수 형태로 밝기를 조절하면 숨 쉬는 듯한 빛 형태도 표현할 수 있다.

다음은 아날로그 입력 신호를 받는 방법에 대한 설명이 이어진다.

빛 센서를 아날로그 입력으로 사용하기

준비물

아두이노 우노보드 1개

브레드보드 1개

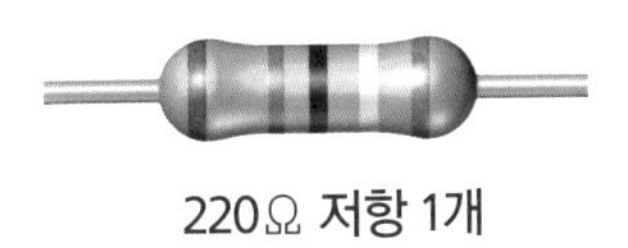

220Ω 저항 1개

2kΩ~5kΩ 저항 1개

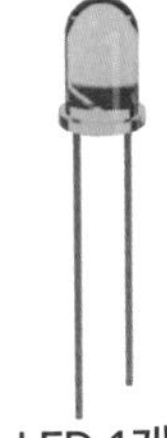

LED 1개

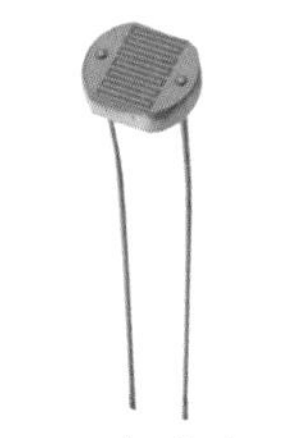

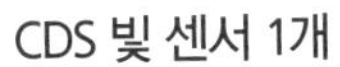

CDS 빛 센서 1개

USB 케이블 1개

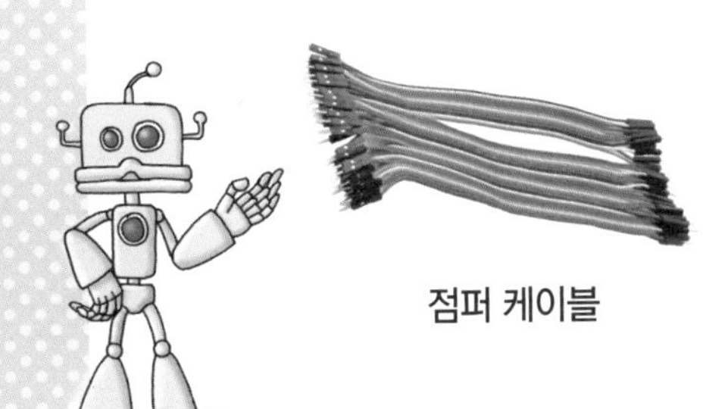

점퍼 케이블

아날로그는 중간에 끊김이 없이 계속 이어지면서 변화하는 것을 뜻한다.

빛의 밝기에 따라 저항 값이 달라지는 빛 센서(CDS 센서)를
사용하여 아날로그 입력에 대하여 알아보자.

빛 센서

아두이노는 전압값은 읽을 수는 있지만 저항값은 읽을 수 없다.
저항값을 전압값으로 바꾸어야 한다.
빛 센서에서 나오는 저항 값을 전압으로 변환시키기 위한 전압 분배 회로는

[그림 3-20]과 같이 저항 2개와 전원만 있으면 된다.

앞에서 설명하였던 옴의 법칙(V=IR) 사용하여 회로에서의 전류 값을 구하면,

$I = 5V / 5k\Omega = 1 \times 10^{-3} A = 1mA$

따라서 각 저항에서의 전압은

2kΩ 저항: $V = IR = 2V$

3kΩ 저항: $V = IR = 3V$

3kΩ 저항을 빼내고 대신 그곳에 빛 센서를 놓으면 빛 밝기에 따라 전압 값이 다르게 변하고 이 값은 아두이노 아날로그 입력 핀에서 읽을 수 있다.

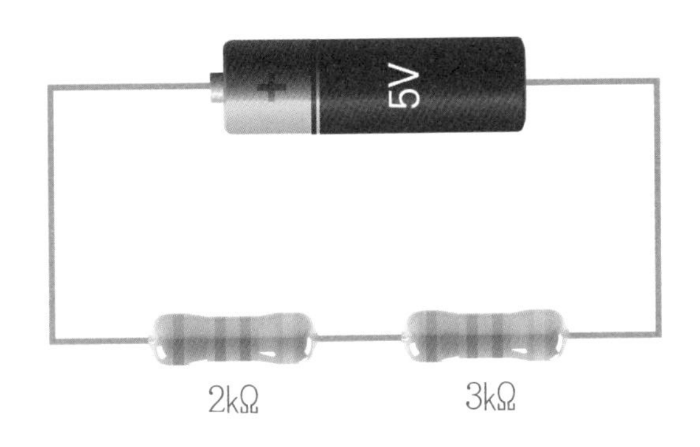

[그림 3-20] 전압분배 회로

센서에 비추어지는 빛의 세기에 따라 엘이디 밝기가 바뀌는 회로와 스케치를 만들어 보자.
빛 센서의 값은 아날로그 입력 핀 A4에서 받고 엘이디는 9번 핀에 연결하자.

회로는 [그림 3-21]과 같이 빛 센서 한쪽을 5V에 연결하고
다른 쪽은 저항 2kΩ에 연결한다.
저항과 빛 센서가 만나는 부분을 A4에 연결한다.
저항의 다른 쪽은 GND에 연결한다.

아날로그 값을 읽는 아두이노 명령은 analogRead(핀 번호)이다.
[그림 3-22]에 있는 스케치 셋업에서 9번 핀 모드는 출력으로
즉 pinMmode(9, OUTPUT)
그리고 시리얼 통신을 속도 9600으로 준비하였다.
아날로그 핀은 입력 기능만 있어서 핀 모드를 정해주지 않아도 된다.
루프(loop) 안에서 아날로그 핀 A4에서 읽고 그 정수 값을 val이라는 곳에 저장하라는 명령은
int val = analogRead(A4)이다.

정밀도를 높이기 위하여 아날로그 핀은 특별히 10비트를 사용한다.
8비트로 나타낼 수 있는 수는 $2^8 = 256$이라는 것을 설명했다.
10비트로 나타낼 수 있는 수는 4배가 큰 $2^{10} = 1024$이다.

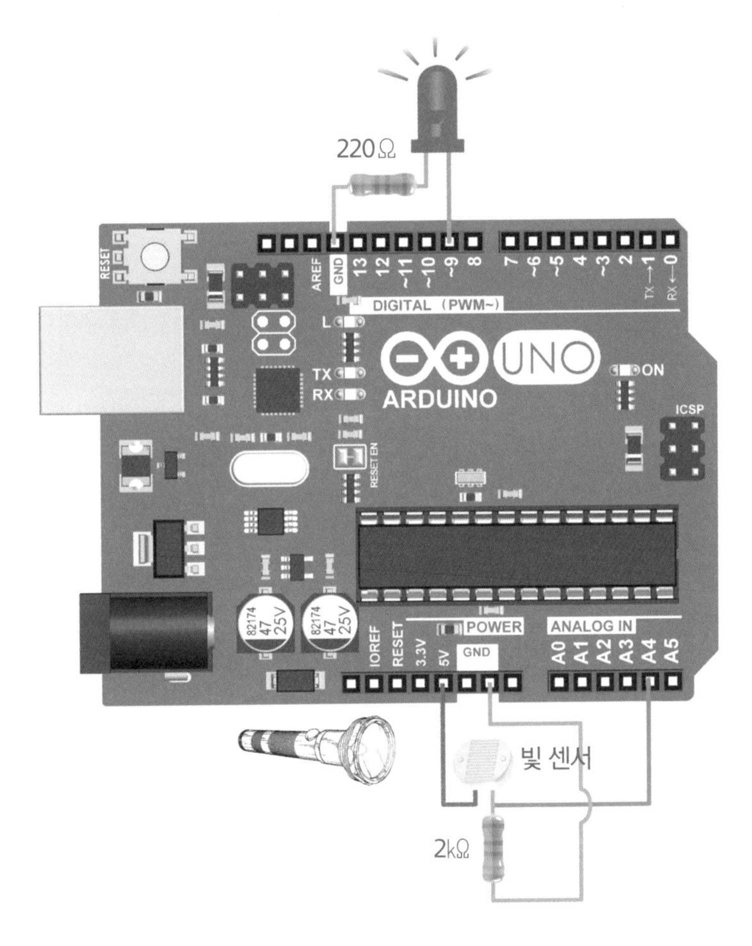

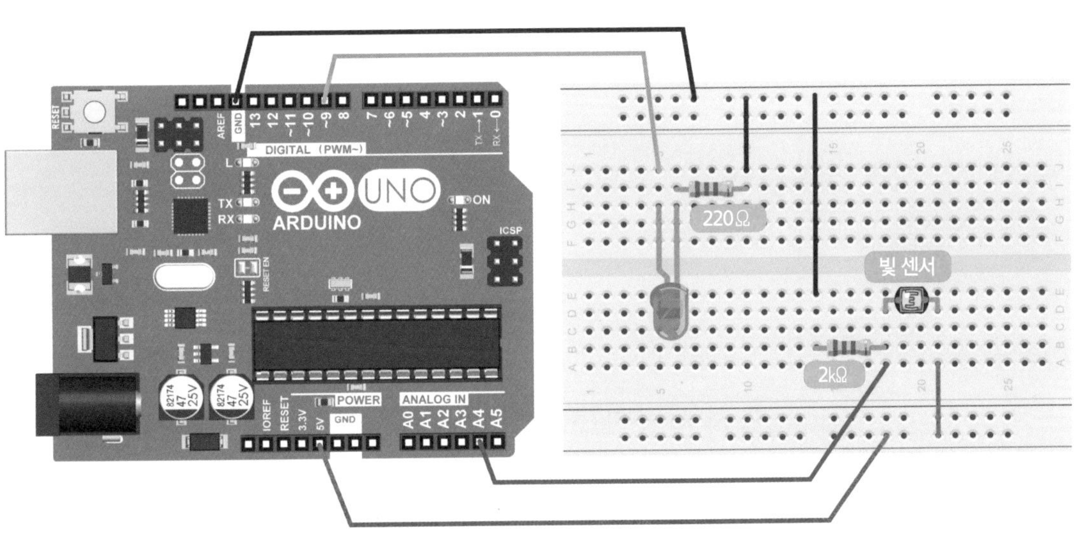

[그림 3-21] 아날로그 빛 센서 회로

아두이노
파일 편집 스케치 툴 도움말
CDS_LED§

```
void setup( ) {
  pinMode(9, OUTPUT) ;
  Serial.begin(9600) ; }

void loop( ) {

  int val = analogRead(A4) ;
  analogWrite(9, val/4) ;
  Serial.print(" val/4 = ") ;
  Serial.println(val/4) ;
  delay(10) ;
  }
```

[그림 3-22] 아날로그 빛 센서 스케치

5V가 1024이면 소수점 이하의 전압들을 더욱 세밀하게 아날로그 값으로 표현할 수 있다.

val을 4로 나눈 이유는 analogRead(A4)로 읽어 val에 담겨 있는 값은 10비트이고 analogWrite( )에서 사용하는 디지털 핀은 8비트이기 때문이다.
스케치가 업로딩 된 다음 시리얼 모니터를 열면 [그림 3-23]과 같이 디지털 핀에 출력되는 값을 볼 수 있다.

빛 센서 위를 종이나 손으로 가려보자. 시리얼 모니터에 프린트되는 숫자가 변하는 것을 볼 수 있다. 동시에 엘이디 빛 밝기도 변하는 것을 관찰할 수 있다.

빛 센서에 손전등을 비추어 보자. 엘이디 밝기와 시리얼 모니터값이 변하는 것을 볼 수 있다.

[그림 3-21]에는 빛 센서와 2K 옴 저항을 연결하였다.

사용할 빛 밝기 아래에서 빛 센서의 저항값을 멀티 미터로 측정하고, 그 값과 비슷한 저항을 빛 센서와 연결해 주었을 때 가장 민감하게 작동하는 회로를 만들 수 있다.

```
COM1
Send
val=120
val=119
val=118
val=117
val=117
val=117
val=118
val=120
val=121
val=122
val=122
val=122
Autoscroll    Newline    9600 baud
```

[그림 3-23] 빛 센서 값

부저 사용 음향 톤 컨트롤하기

준비물

아두이노 우노보드 1개

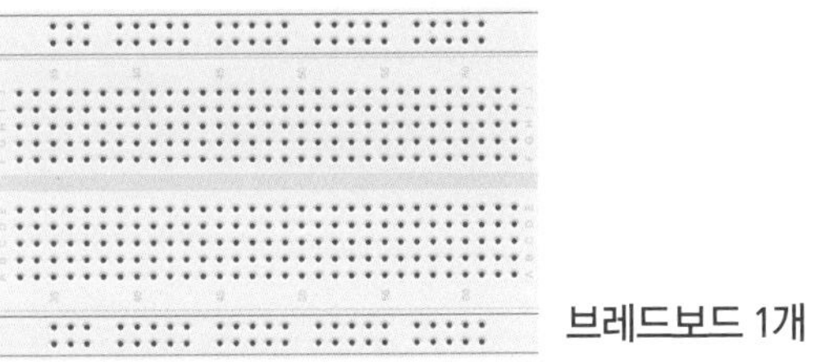

브레드보드 1개

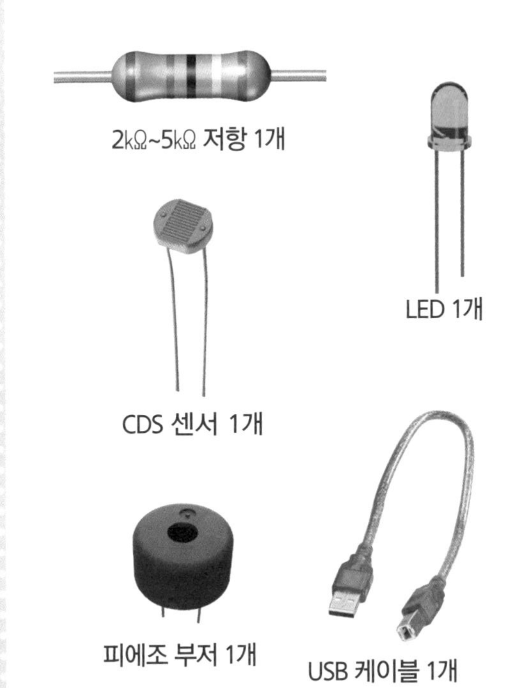

2kΩ~5kΩ 저항 1개

LED 1개

CDS 센서 1개

피에조 부저 1개

USB 케이블 1개

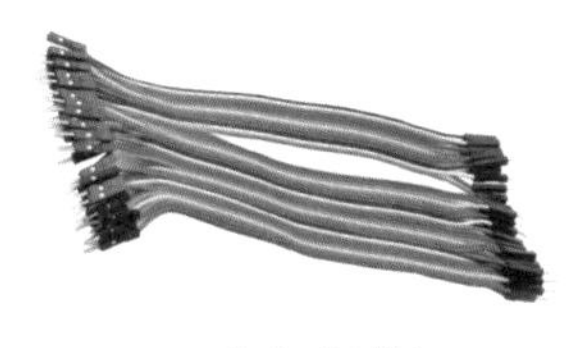

점퍼 케이블

아두이노로 원하는 톤의 음향을 만들 수 있다.

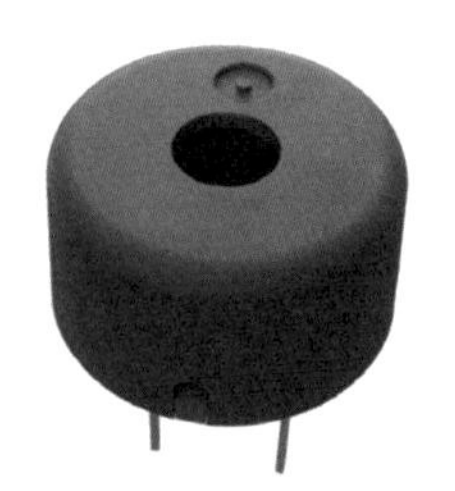
피에조 부저

피에조 부저는 안에 얇은 막이 있어
여기에 전기를 주면 떨리면서 음향이 발생된다.
스피커도 전기 신호로 소리를 만들어 내는 것이다.

스피커

빛 센서에 들어오는 빛의 세기에 따라 부저 톤이
다르게 변하는 프로젝트를 하자.

[그림 3-24]과 같이 9번 핀에 부저의 +극을 연결하고
-극은 GND에 연결한다.
빛 센서는 앞 프로젝트와 동일하게 아날로그 입력 핀 A4에 연결한다.

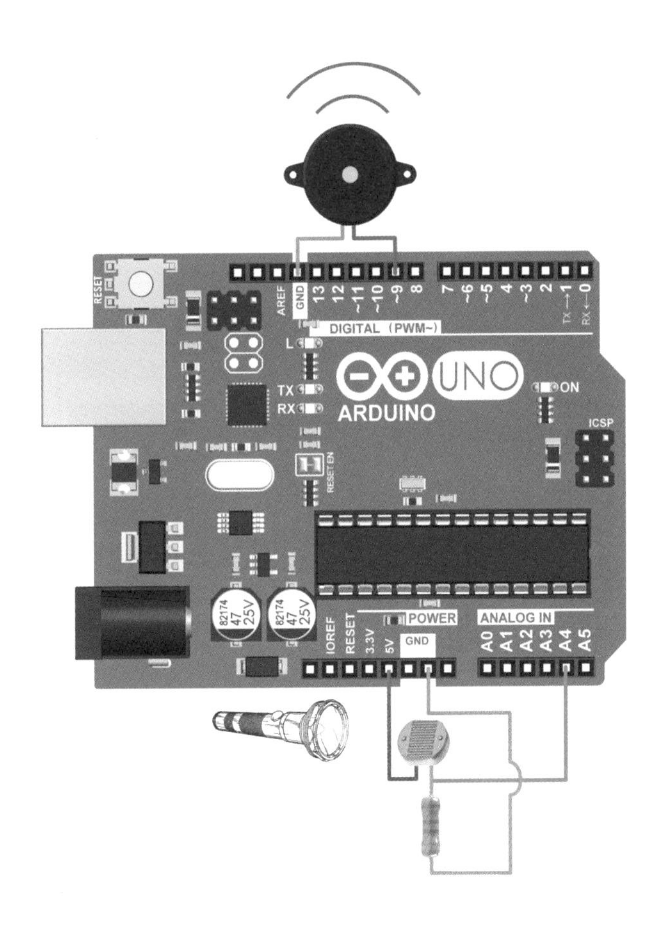

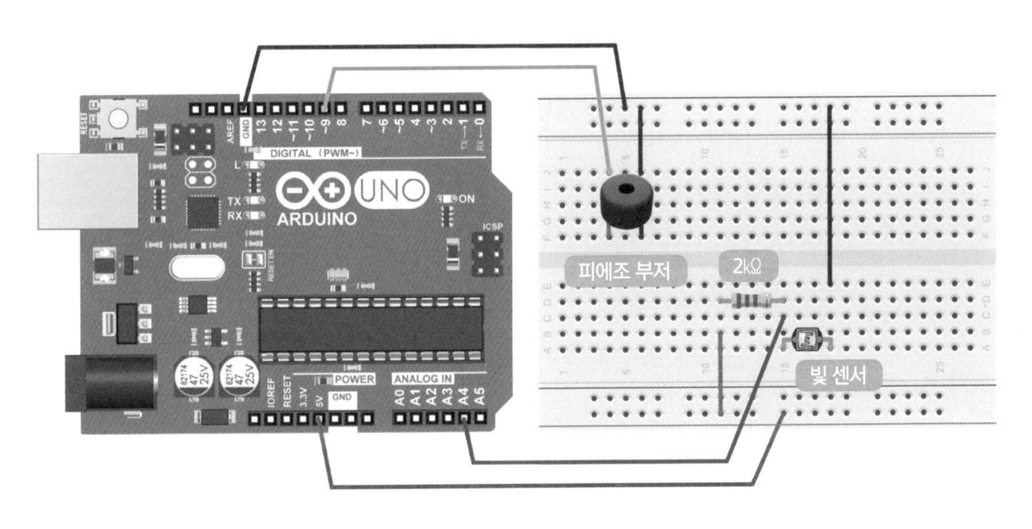

[그림 3-24] 소리 높낮이(tone) 회로

소리를 발생시키는 아두이노 명령 tone(#, 주파수, 지속시간)은 #번 핀에서, Hz 주파수로, 밀리초 시간 동안 지속적으로 소리를 발생시키라는 뜻이다. 스케치에서 추가 설명하기로 하자

```
아두이노
파일 편집 스케치 툴 도움말
CDS_LED§

void setup( ) {
  pinMode(9, OUTPUT) ;
  Serial.begin(9600) ; }

void loop( ) {

  int val = analogRead(A4) ;
  int sound = map(val,0,1023, 200,1500);
  if (sound > 500) ;
  { tone(9, sound, 50) ; }
  Serial.print(" val = ") ;
  Serial.print(val) ;
  Serial.print(" sound = ") ;
  Serial.println(sound) ;
  delay(200) ;
  }
```

[그림 3-25] 소리 높낮이(tone) 스케치

[그림 3-25]에 있는 스케치 셋업에서 부저와 연결된 9번 핀을 출력으로,
그리고 모니터에서 결과를 보기 위하여 시리얼을 9600 속도로 준비하였다.

루프(loop) 안에 있는 A4에서 읽은 아날로그 값은 val 이름으로 저장한다.
아날로그 입력 값은 10비트이므로 $2^{10} = 1024$이며, 0부터 시작하면 1023까지이다. 인간의 청력은 200~1500Hz 사이의 주파수를 들을 수 있다고 한다.
아날로그 입력값을 우리가 들을 수 있는 주파수로 바꾸려면 map(맵)이라는 명령을 사용하면 된다.
map은 지도를 그릴 때 가로와 세로 길이를 축소 또는 확대하는 것처럼
주어진 범위를 새로운 범위로 변환시키는 명령이다.

map( )의 괄호 안에는 5개의 사항이 들어가는데 처음 3개와 나머지 2개로 나누어 보면 이해하기 편하다. 처음 3개는 초기 변수의 이름과 범위이다.
이번 프로젝트에서는 val과 범위 즉 시작 값인 0과 최댓값인 1023이다.
나머지 2개는 변환시킬 범위이다. 가청 영역의 시작점인 200과 최댓값인 1500이다.

이제 map 함수(명령)를 작성하면,

map(val, 0, 1023, 200, 1500)이다.

이렇게 이전 범위 있는 val 값을 변환된 범위에서 값으로 계산하여 sound라는 이름에 저장하였다.

if( )의 괄호 안에 있는 sound>500은 sound 값이 500보다 클 때 이어지는 중괄호 { }안에 있는 작업을 수행하라는 것이다.
500보다 적으면 중괄호를 뛰어 넘어 Serial.print로 간다.
중괄호 { } 안에 tone(9, sound, 50)이 있다. 9는 소리 신호를 내보낼 핀 번호이다.
sound는 만들어진 주파수 값이다. 50은 소리를 내보낼 밀리 초 시간으로 0.05초이다.

업로딩 후 시리얼 모니터를 오픈하면 [그림 3-26]과 같이 주파수가 프린트되고 소리가 들린다.

주파수와 지속 시간을 변경시켜 소리가 달라지는 것을 확인해 보자.

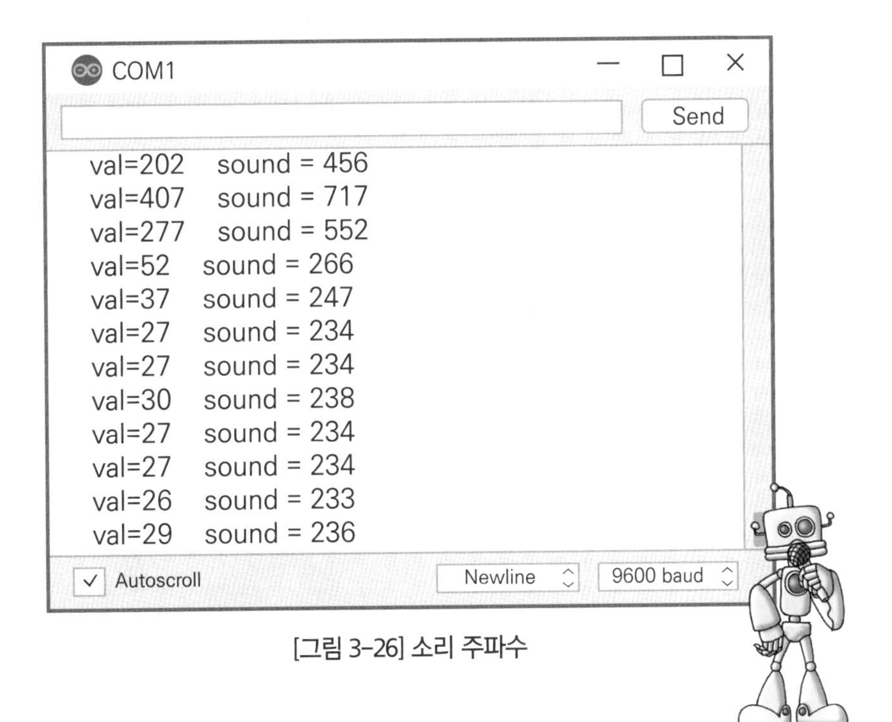

[그림 3-26] 소리 주파수

교통 신호등 프로젝트

준비물

아두이노 우노보드 1개

브레드보드 1개

220Ω 저항 5개

10㏀ 저항 1개

버튼 스위치 1개

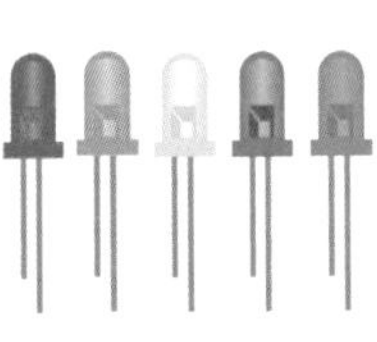

LED 5개

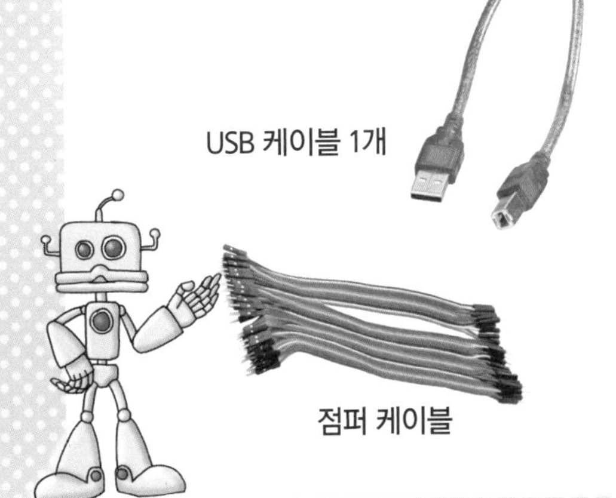

USB 케이블 1개

점퍼 케이블

앞에서 배운 내용을 활용하여 교통 신호등을 만들어 보자.
신호등에는 파란색 등, 노란색 등, 빨간색 등이 있다. 그리고 건널목에는 보행 신호가 있다.

파란색이 켜지는 시간과 빨간색이 켜지는 시간은 같다. 노란색 신호는 짧다. 보행 스위치가 눌려지면 신호등은 가능한 빨리 빨간색이 되고 보행 신호가 켜지는 프로젝트이다.

셋업에서 교통 신호용 청색, 노란색, 빨간색 그리고 보행 신호용 녹색 1, 2 엘이디에 연결할 핀으로 2~6번을 출력으로 준비하였다.
버튼스위치 신호를 받으려고 12번 핀을 입력으로 하였다.

아두이노
파일 편집 스케치 툴 도움말
Ch7_Traffic_signal

```
1   // 교통 신호 프로젝트
2   void setup( ) {
3    pinMode(2,OUTPUT); // 파랑색
4    pinMode(3,OUTPUT); // 노랑색
5    pinMode(4,OUTPUT); // 빨강색
6    pinMode(5,OUTPUT); // 녹색1
7    pinMode(6,OUTPUT); // 녹색
8    pinMode(12,INPUT); // 버튼 스위치
9   }
10
11  void loop( ) {
12   blue( );   // 파랑색 함수 부르기
13   yellow( ); // 노랑색 함수 부르기
14   red( );    // 빨강색 함수 부르기
15   check( );  // 버튼 함수 부르기
16  }
17
18  // === 만든 함수 ====
19  void blue( ){
20   digitalWrite(2,HIGH);
21   digitalWrite(3,LOW);
22   digitalWrite(4,LOW);
23   digitalWrite(5,LOW);
24   digitalWrite(6,LOW);
25   delay(2000);
26  }
27
28  void yellow( ){
29   digitalWrite(2,LOW);
30   digitalWrite(3,HIGH);
31   digitalWrite(4,LOW);
32   digitalWrite(5,LOW);
33   digitalWrite(6,LOW);
34   delay(1500);
35  }
36
37  void red( ){
38   digitalWrite(2,LOW);
39   digitalWrite(3,LOW);
40   digitalWrite(4,HIGH);
41   digitalWrite(5,HIGH);
42   digitalWrite(6,HIGH);
43   delay(2000);
44  }
45
46  void check( ){
47  int Button = digitalRead(12);
48   if(Button == 1){
49     digitalWrite(2,LOW);
50     digitalWrite(3,LOW);
51     digitalWrite(4,HIGH);
52     digitalWrite(5,HIGH);
53     digitalWrite(6,HIGH);
54     delay(1500);
55   }
56  }
```

[그림 3-27] 교통 신호등 프로젝트

루프에서 보면 12번 핀을 읽어 Button이라는 이름에 저장한다.
버튼을 눌렀을 때 if는 조건이 만족하여 이어지는 중괄호 { } 안에 있는 작업 즉 빨간 신호를 켜고 보행 신호인 녹색 1, 2를 켠다.

누르지 않으면 else로 가서 노랑(yellow), 빨강(red), 청색(blue) 신호 순으로 켜지게 한다.
20번 줄에 있는 yellow( )가 되면 36번 줄에 가서 3번 핀과 연결된 노란색을 켜고 다른 색상은 모두 끄고 1.5초 동안 유지한다.
43번 줄에 이르면 21번 줄로 되돌아와서 명령을 수행한다.
21번은 red( )를 수행하라고 했으니 이번에는 45번으로 간다.
빨간색 신호등이 켜질 때 보행 엘이디로 켠다.

스케치를 이해하기 위한 실습이어서 실제 신호등 체계와는 약간 다르다는 점을 알려둔다.

회로 연결

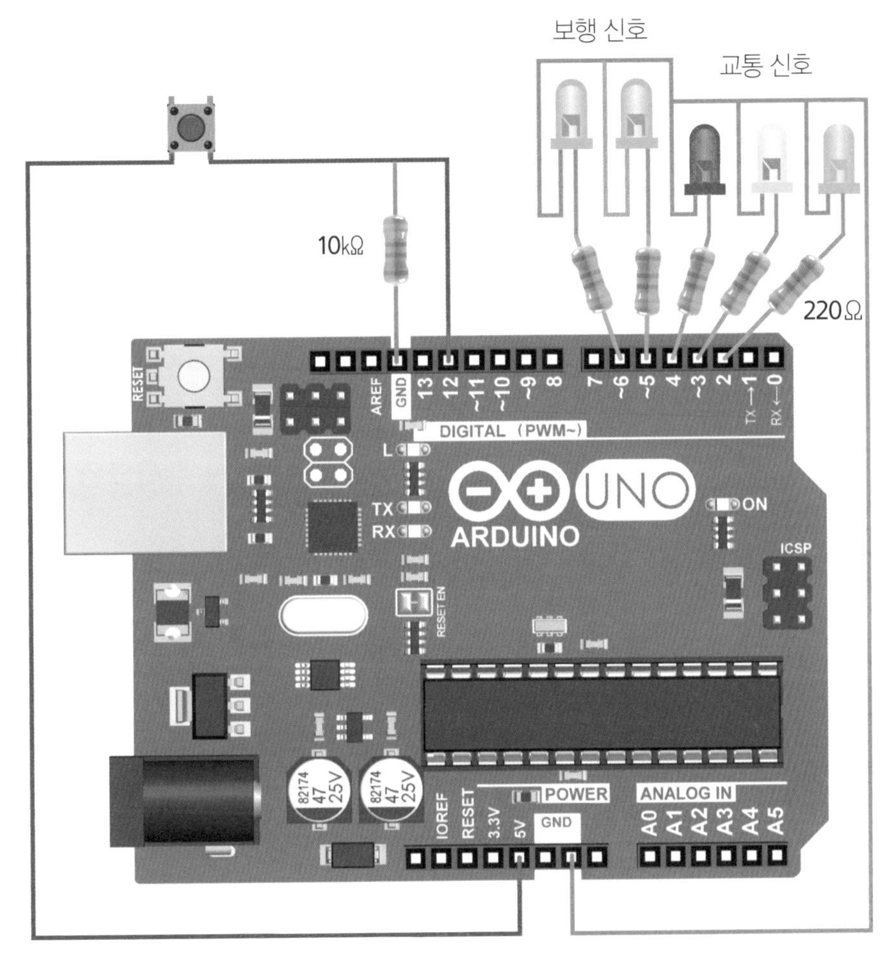

[그림 3-28] 교통 신호등 회로

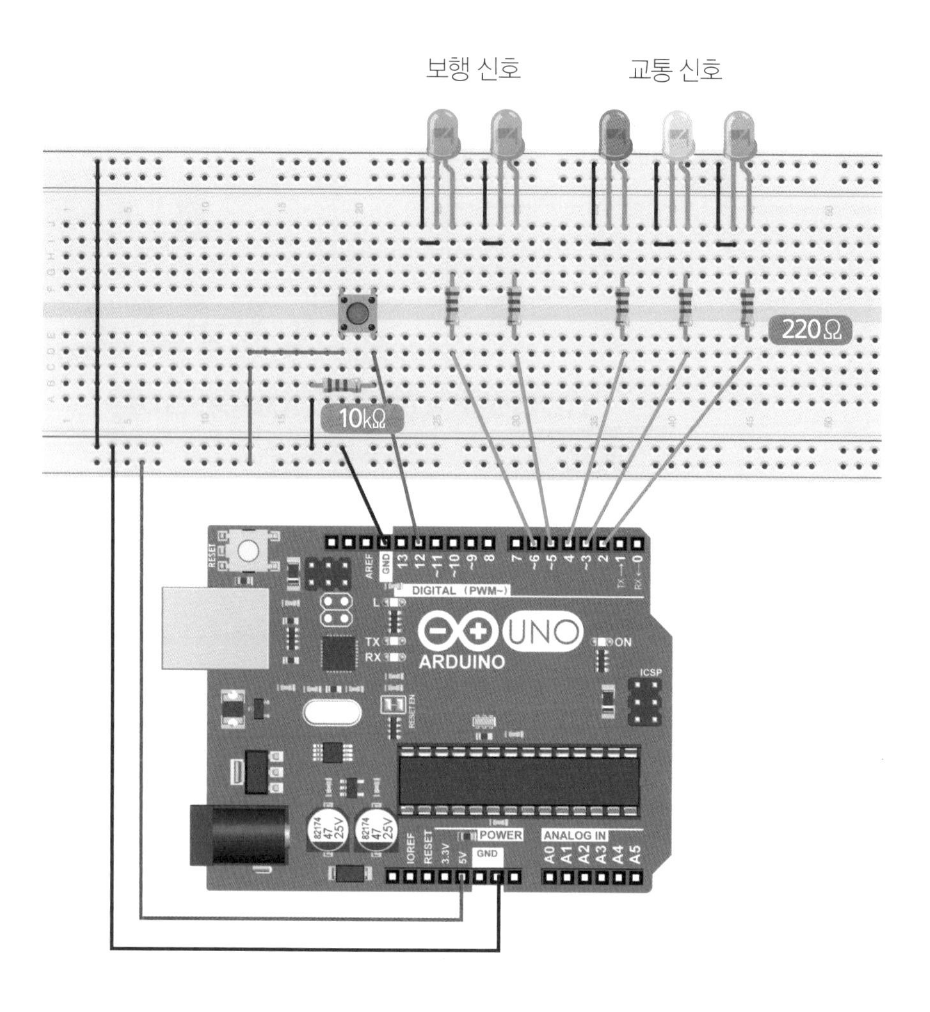

[그림 3-28] 교통 신호등 회로

[그림 3-28]을 보면 엘이디 +극에 220 옴 저항을 연결하였고
저항의 다른 끝은 각각 2~6번 핀에 연결하였다.
엘이디의 - 극은 아두이노의 GND에 연결하였다.

디지털 12번 핀은 10K 옴 저항 및 버튼과 연결되어 있다.
10K 옴 저항의 다른 쪽은 아두이노의 GND와 연결된다.
버튼의 다른 쪽은 아두이노의 5V에 연결되어 있어 12번 핀에는 버튼을 누를 때만 5V가 입력되고, 누르지 않은 상태일 때는 GND 즉 0V가 입력된다.

스케치를 업로드시키자.
노랑, 빨강, 청색 순으로 신호등이 바뀌는 것을 볼 수 있다.
버튼을 누르면 교통신호는 빨강이 되고 보행 신호가 켜진다.

참고로 인터럽트라는 명령을 사용하여 버튼을 누르면 즉각적으로 보행 신호가 켜지게 할 수도 있지만, 지금은 기초 단계이어서 간단하게 작성하였다.

종합 정리

for(시작점; 최종점; 증가량) {수행내용}

A==1은 A가 1과 같으면 참, 다르면 거짓

Final=map(×, × 최소, × 최대, Final 최소, Final 최대)

tone(핀 번호, 주파수, 기간)

최소 스케치

```
void setup( )
{ ~~ }
void loop( )
{ ~~ }
```

시리얼 모니터

```
Serial.begin(9600)
Serial.print("~~")
Serial.println(값)
```

디지털 INPUT / OUTPUT

pinMode(#, INPUT/OUTPUT)

digitalWrite(#, HIGH/LOW)

analogWrite(~#, 0~255)

digitalRead(#)

analogRead(A0~A5)

드라이버 파일 설치 방법

COM4 (Arduino~~)이라고 나타나지 않으면 컴퓨터의 '제어판'→'장치 관리자'에서 '포트'를 클릭한다.

포트 안에 있는 아이콘을 마우스 오른쪽 클릭하면 나오는 세부 메뉴에서 '드라이버 소프트웨어 업데이트'를 클릭한다.

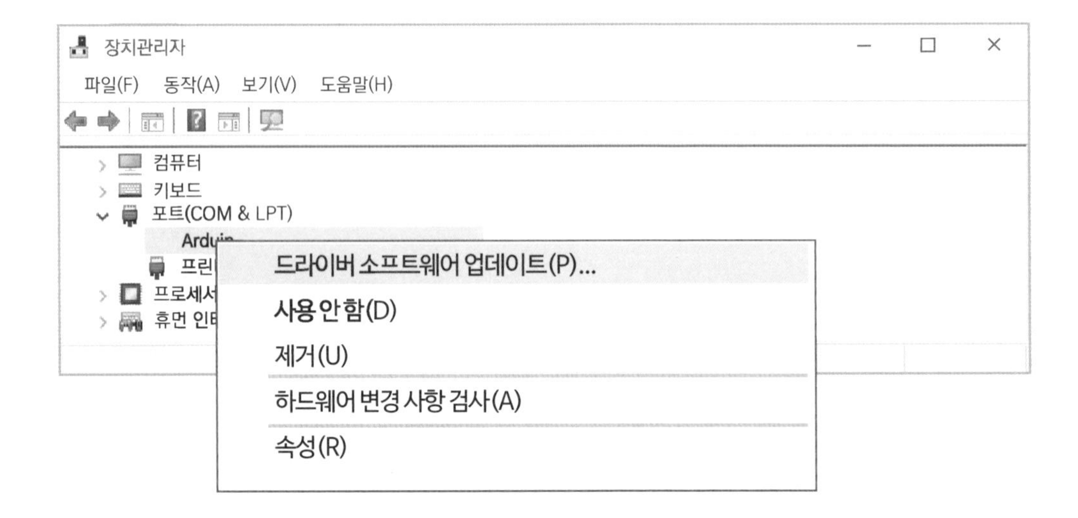

'컴퓨터에서 드라이버 찾아보기'를 클릭하여

다운로드 받은 Arduino 파일 안에 있는 driver 파일을 선택해주면 된다.

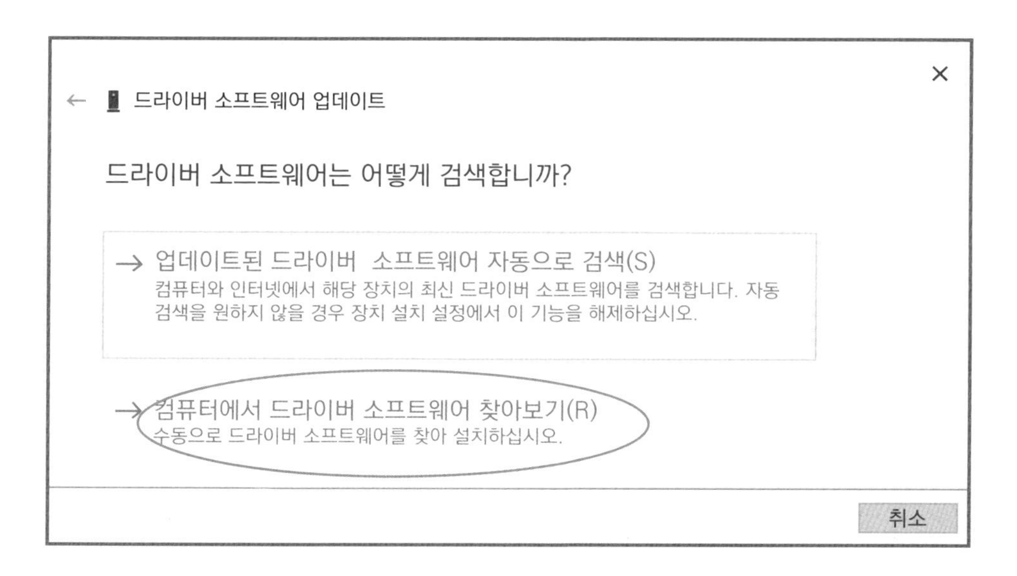

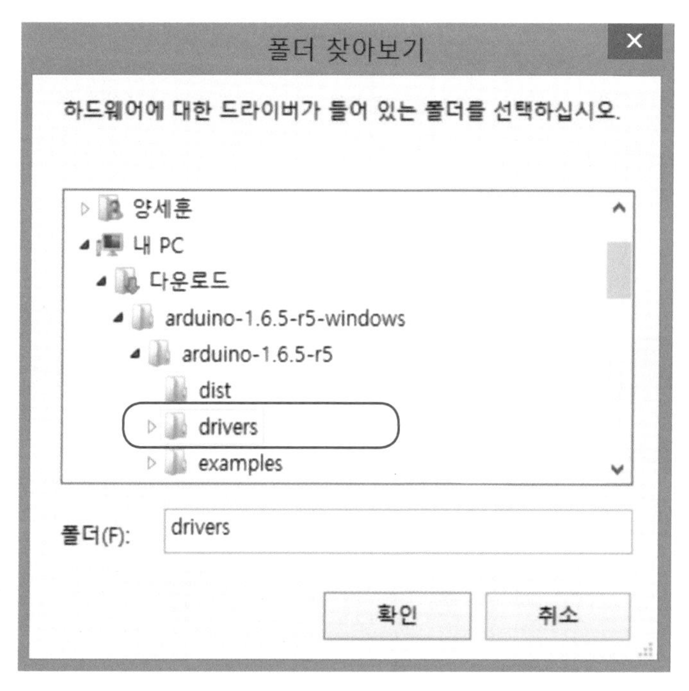

부품 리스트

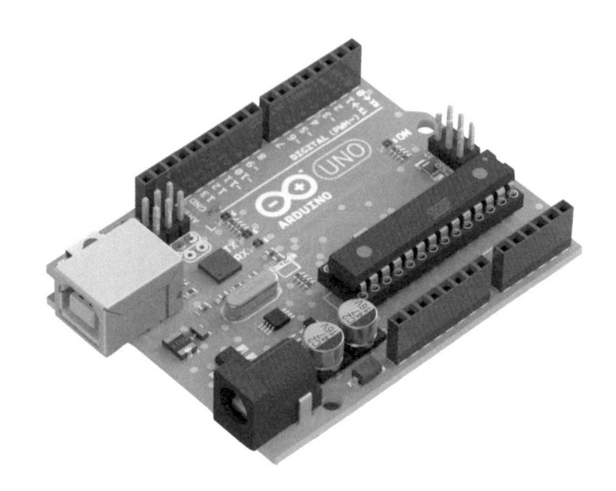

아두이노 우노 보드 1개

USB 케이블 1개

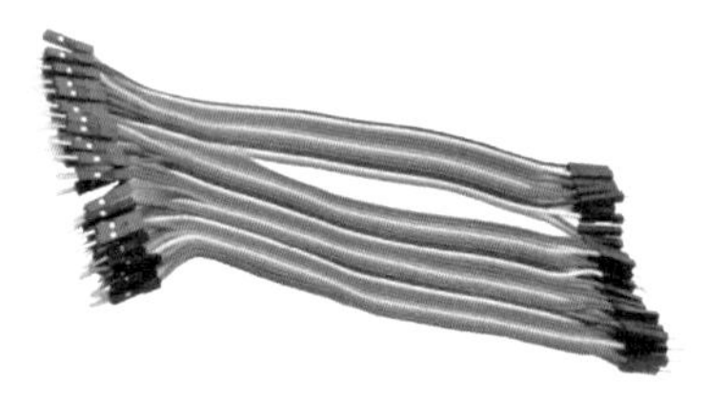

점퍼 케이블 10cm 15개

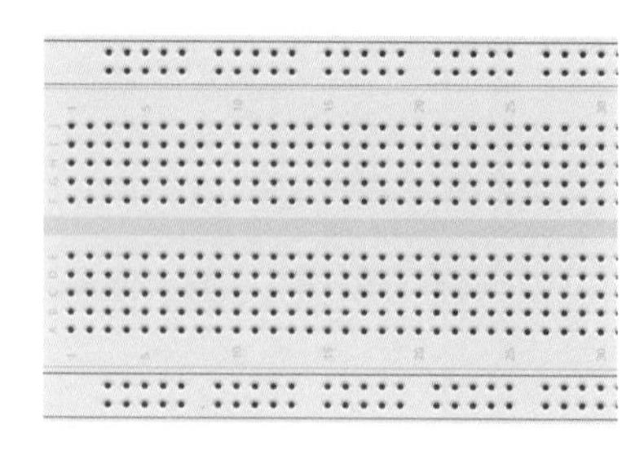

브레드보드 1개

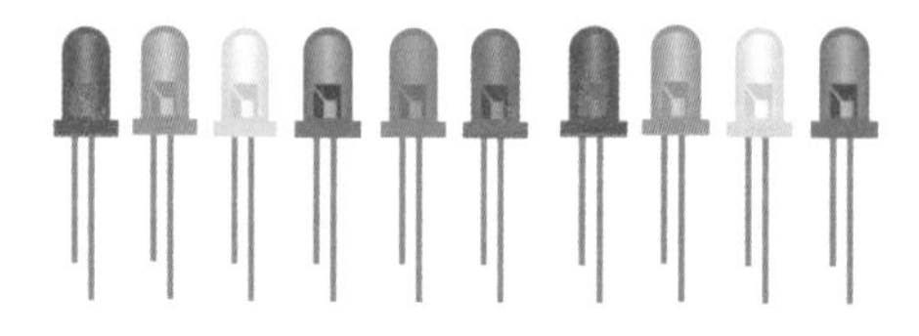

LED 10개

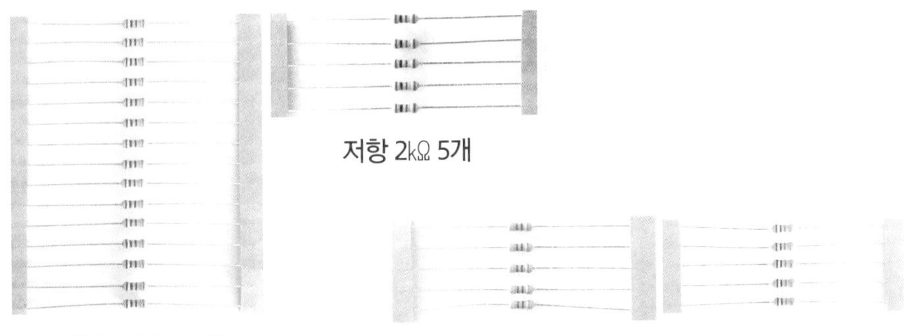

저항 2kΩ 5개

저항 220Ω 15개

저항 4.6kΩ 5개

저항 10kΩ 5개

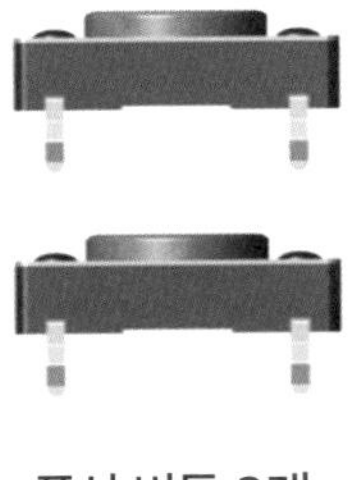

푸시 버튼 2개

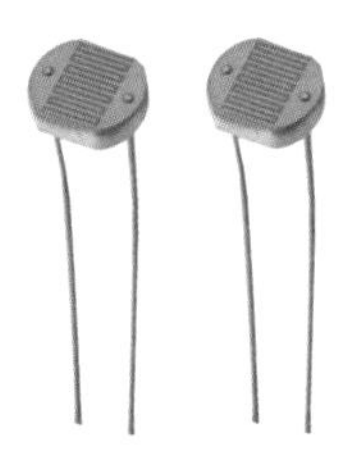

CDS 센서 2개

AA×4 배터리 팩 1개

피에조 부저 1개

2편
자동차 만들기에서
만나요!

양세훈 교수의 서울대 공학체험교실 강의

2018년 3월 5일 1판 2쇄 발행

저 자 양세훈
발행자 김남일
기 획 김종훈
마케팅 정지숙
표지디자인 김형곤
내지디자인 디자인클립

발행처 TOMATO
주 소 서울 동대문구 왕산로 225
전 화 0502.600.4925
팩 스 0502.600.4924
Website www.tomatobooks.co.kr
e-mail tomatobooks@naver.com

카페 / http://cafe.naver.com/arduinofun

ISBN 978-89-91068-72-8 53500

어린이(만 13세 이하)를 대상으로 하는 피지컬 컴퓨팅 및 코딩 교육의 교구로 사용 시, 반드시 성인의 지도 감독 하에 사용하세요.

코딩교육 전문도서

누구나 쉽고 재미있게 배울 수 있는 **피지컬 컴퓨팅!**